U0151139

面向新工科普通高等教育系列教材

HTML+CSS+JavaScript
前端开发基础教程

吕云翔　欧阳植昊　张　远　杨　壮　等编著

机 械 工 业 出 版 社

本书从 HTML/CSS/JavaScript 的基本概念开始，由浅入深地介绍三种语言在网页开发中的应用，并挑选了其中最为经典的内容进行讲解，帮助读者高效地掌握网页开发技术。

本书的第一部分从整体上介绍 HTML/CSS/JavaScript 在 Web 开发中的应用；第二部分着重介绍 HTML 语言，分析其搭建网页框架的特点；第三部分讲解 CSS 语言如何控制页面的样式和风格；第四部分介绍 JavaScript 在实现网页动态逻辑方面的应用；第五部分通过综合案例讲解 HTML/CSS/JavaScript 在实际开发中的各类应用场景。

本书既适合作为高等院校网页开发、Web 开发课程的教材，也适合非计算机专业的学生及广大计算机爱好者阅读。

本书配有授课电子课件，需要的教师可登录 www.cmpedu.com 免费注册，审核通过后下载，或联系编辑索取（微信：15910938545，电话：010-88379739）。

图书在版编目（CIP）数据

HTML+CSS+JavaScript 前端开发基础教程 / 吕云翔等编著. --北京：机械工业出版社，2022.7
面向新工科普通高等教育系列教材
ISBN 978-7-111-71081-3

Ⅰ. ①H⋯ Ⅱ. ①吕⋯ Ⅲ. ①超文本标记语言-程序设计-高等学校-教材②网页制作工具-高等学校-教材③JAVA 语言-程序设计-高等学校-教材
Ⅳ. ①TP312.8②TP393.092.2

中国版本图书馆 CIP 数据核字（2022）第 113443 号

机械工业出版社（北京市百万庄大街 22 号　邮政编码　100037）
策划编辑：郝建伟　　责任编辑：郝建伟　王　斌
责任校对：张艳霞　　责任印制：刘　媛
北京盛通商印快线网络科技有限公司印刷

2022 年 8 月第 1 版 • 第 1 次印刷
184mm×260mm • 17 印张 • 421 千字
标准书号：ISBN 978-7-111-71081-3
定价：69.00 元

电话服务

客服电话：010-88361066
　　　　　010-88379833
　　　　　010-68326294
封底无防伪标均为盗版

网络服务

机　工　官　网：www.cmpbook.com
机　工　官　博：weibo.com/cmp1952
金　书　网：www.golden-book.com
机工教育服务网：www.cmpedu.com

前言

随着信息技术的发展,计算机科学越来越融入人们的生活当中,人们已经习惯了通过各类电子设备(如手机、计算机)来获取需要的信息,而其中一个最重要的途径即是网页。HTML/CSS/JavaScript 作为编写网页的基本语言,提供了极为强大的兼容性和灵活性,可以说这是当前跨平台信息传递最方便、最灵活的一项技术,这套技术也是网页技术的发展方向。在信息时代,HTML/CSS/JavaScript 从某种程度上决定了人们获取信息的方式,它是一种可以改变世界的技术。

当下,无论是计算机 PC 端还是移动端,都安装有浏览器,这就意味着几乎所有的用户端口都能接入网页。同时现在常见的社交网络、电商、实时通信技术等,全部都与网页技术息息相关,甚至现代编程语言的发展也深受 HTML/CSS/JavaScript 语言的影响。可以说,HTML/CSS/JavaScript 是当前展示信息,开发应用最简单、最高效的一种技术,十分值得推广学习。

市面上虽然有大量 HTML/CSS/JavaScript 的相关书籍,但其中也存在一些缺憾与不足。如使用规范过旧,提及过多被 HTML5、CSS3 等新标准淘汰的技术;提供的实例较少,过多的概念讲解无法与实际结合;个别内容没有普遍性,没有引导读者掌握学习 HTML/CSS/JavaScript 的本质,并不能有效提高读者自主解决问题的能力。

本书从读者入门学习的角度出发,通过通俗易懂的语言、丰富多彩的实例、贴近开发实战的项目,循序渐进地让读者在实践中学习 HTML/CSS/JavaScript 编程知识,并提升自己的实际开发能力。

本书主要分为五部分,第一部分讲解前端开发的一些基本背景,快速了解 HTML/CSS/JavaScript 这三种语言的特点,同时了解它们三者之间的合作关系。希望读者通过阅读第一部分可以有基本的前端开发能力,之后可以自行学习后面的章节或自行查阅资料学习。第二、三、四部分分别针对 HTML/CSS/JavaScript 展开介绍。我们挑选了三种语言工具中最重要、最实用的部分进行讲解,通过模板使用、代码规范、示例讲解等形式来展示如何将这三种语言与实际应用紧密联系,希望读者能够通过学习进一步深化对于这几种语言的理解。第五部分为综合案例。

本书所有实例代码都可以从机械工业出版社的网站(www.cmpedu.com)上进行下载。

本书的作者为吕云翔、欧阳植昊、张远、杨壮,曾洪立参与了部分内容的编写并进行了素材整理及配套资源制作等。

在本书的编写过程中,我们尽量做到仔细认真,但由于水平有限,还是可能会出现一些疏漏与不妥之处,在此非常欢迎广大读者进行批评指正。同时也希望广大读者可以将自己读书学习的心得体会反馈给我们(yunxianglu@hotmail.com)。

编　者

目录

第1章
HTML/CSS/JavaScript 介绍

HTML+CSS+JavaScript 是 Web 开发基本会涉及的三种技术，它们将网页按照网页内容、外观样式及动态效果彻底分离，从而大大减少页面代码，节省带宽、加快页面渲染，更便于分工设计、代码重用，既易于维护，又能被移植到以后更新升级的 Web 程序中；同时按照 Web 标准能够轻松制作出能在各种终端设备中访问的页面。

1.1 HTML/CSS/JavaScript 简介

现代网页设计最常见的设计思路是把网页分成三个层次，即结构层（HTML）、表示层（CSS）、行为层（JavaScript）。HTML、CSS、JavaScript 简介如下：

1）HTML 即超文本标记语言（Hyper Text Markup Language），HTML 是用来描述网页的一种语言。

2）CSS 即层叠样式表（Cascading Style Sheets），样式定义如何显示 HTML 元素，语法为：selector {property：value} (选择符 {属性：值})。

3）JavaScript 是一种脚本语言，其源代码在发往客户端运行之前不需要经过编译，而是将文本格式的字符代码发送给浏览器，由浏览器解释运行。

对于一个网页，HTML 定义网页的结构，CSS 描述网页的样式，JavaScript 设置逻辑和动态效果。一个很经典的例子是 HTML 就像一个人的骨骼、器官，而 CSS 就是人的皮肤，有了这两样也就构成了一个人的身体了，而 JavaScript 给这个人注入了灵魂，可以思考、运动，可以给自己整容化妆（改变 CSS）等，成为一个活生生的人。如果说 HTML 是肉身，CSS 就是皮相，JavaScript 就是灵魂。

1.2 HTML/CSS/JavaScript 背景

在学习 HMLT/CSS/JavaScript 之前，先了解它们的背景知识。

1.2.1 HTML 背景

HTML 作为定义万维网的基本规则之一，最初由蒂姆·本尼斯李（Tim Berners-Lee）于 1989 年在欧洲核子研究组织（CERN）研制出来。其独立于平台，即独立于计算机硬件和操作系统。这个特性对各种受众是至关重要的，因为在这个特性中，文档可以在具有不同性能（即字体、图形和颜色差异）的计算机上以相似的形式显示文档内容。

HTML 标签原本被设计为用于定义文档内容。通过使用 <h1>、<p>、<table> 这样的标签，HTML 的初衷是表达 "这是标题""这是段落""这是表格" 之类的信息。同时文档布局由浏览器来完成，而不使用任何的格式化标签。

由于当时两种主要的浏览器（Netscape 和 Internet Explorer）不断地将新的 HTML 标签和属性（比如字体标签和颜色属性）添加到 HTML 规范中，创建文档内容清晰地独立于文档表现层的网站变得越来越困难。

为了解决这个问题，万维网联盟（W3C）这个非营利的标准化联盟，肩负起了 HTML 标准化的使命，并在 HTML 4.0 之外创造出样式（Style）。目前所有的主流浏览器均支持层叠样式表。

1.2.2　CSS 背景

从 HTML 被发明开始，样式就以各种形式存在。不同的浏览器结合它们各自的样式语言为用户提供页面效果的控制。最初的 HTML 只包含很少的显示属性。

随着 HTML 的发展，为了满足页面设计者的要求，HTML 添加了很多显示功能。但是随着这些功能的增加，HTML 变得越来越杂乱，而且 HTML 页面也越来越臃肿。于是 CSS 便诞生了。

1994 年哈坤・利提出了 CSS 的最初建议。而当时伯特・波斯（Bert Bos）正在设计一个名为 Argo 的浏览器，于是他们决定一起设计 CSS。

其实当时在互联网界已经有一些统一样式表语言的建议了，但 CSS 是第一个含有 "层叠" 含义的样式表语言。在 CSS 中，一个文件的样式可以从其他的样式表中继承。读者在有些地方可以使用他自己更喜欢的样式，在其他地方则继承或 "层叠" 作者的样式。这种层叠的方式使作者和读者都可以灵活地加入自己的设计，混合每个人的爱好。

哈坤于 1994 年在芝加哥的一次会议上第一次提出了 CSS 的建议，1995 年的 WWW 网络会议上 CSS 又一次被提出，波斯演示了 Argo 浏览器支持 CSS 的例子，哈坤也展示了支持 CSS 的 Arena 浏览器。

同年，W3C 组织（World Wide Web Consortium）成立，CSS 的创作成员全部进入了 W3C 的工作小组并且全力以赴负责研发 CSS 标准，层叠样式表的开发终于走上正轨。有越来越多的成员参与其中，例如微软公司的托马斯・莱尔顿（Thomas Reaxdon），他的努力最终令 Internet Explorer 浏览器支持 CSS 标准。

1.2.3　JavaScript 背景

JavaScript 最初由 Netscape 的 Brendan Eich 设计。JavaScript 是甲骨文公司的注册商标。Ecma 国际（前身为欧洲计算机制造商协会）以 JavaScript 为基础制定了 ECMAScript 标准。JavaScript 也可以用于其他场合，如服务器端编程。完整的 JavaScript 实现包含三个部分：ECMAScript、文档对象模型、浏览器对象模型。ECMAScript 是一个标准，2011 年发布了 ECMAScript 5.1（ES5），2015 年发布 ECMAScript 6（ES6），JavaScript 只是它的一个实现，为方便介绍 JavaScript 的基本特性和功能使用，接下来主要介绍 ES5 版本。文档对象模型是针对 HTML 和 XML 文档的一个 API，通过 DOM 可以改变文档。浏览器对象模型主要是指一些浏览器内置对象，如 Window、Location、Navigator、Screen、History 等对象，用于完成一些操作浏览器的特定 API。

1.3　HTML/CSS/JavaScript 协作关系

只有 HTML/CSS/JavaScript 相互协作才能实现丰富的页面交互和展示效果，接下来将分别介绍 HTML、CSS、JavaScript（JS）以及它们之间的关系。

（1）HTML

HTML 是 Internet 上用于设计网页的基础语言。网页包括动画、多媒体、图形等各种复杂的元素，其基础架构都是 HTML。HTML 是一种标记语言，只能建议浏览器以什么方式或结构显示网页内容，这是不同于程序设计语言的。

（2）CSS

CSS 又称层叠样式表，是一种制作网页的新技术。"层叠"是指当在 HTML 中引用了数个样式文件，并且样式发生冲突时，浏览器能依据层叠顺序处理。"样式"指网页中的文字大小、颜色、图片位置等格式。

CSS 是目前唯一的网页页面排版样式标准。它能使任何浏览器都听从指令，知道该以何种布局、格式来显示各种元素及其内容。

它弥补了 HTML 对网页格式化方面的不足，起到排版定位的作用。

（3）JavaScript

HTML 和 CSS 配合使用，提供给用户的只是一种静态的信息，缺少交互性，已不满足用户浏览信息的需求，如果网页中有更多的交互性和动态效果，那就更方便、更有意思了。

出于这样一种需求，JavaScript 出现了。JavaScript 是一种脚本语言，它的出现使得用户与信息之间不只是一种浏览与显示的关系，而是实现了一种实时、动态、交互的页面功能。比如下载时的进度条、提示框等。

JavaScript 用于开发 Internet 客户端的应用程序，可以结合 HTML、CSS，实现在一个 Web 页面中与 Web 用户交互的功能。

（4）总结

HTML 是网页的基础，CSS 是元素格式、页面布局的灵魂，而 JavaScript 是实现网页的动态性、交互性的点睛之笔。

1.4　HTML/CSS/JavaScript 学习建议

推荐使用 http://www.w3school.com.cn 和 http://www.runoob.com 等在线网站学习基本的语法。许多 HTML/CSS/JavaScript 的代码是不需要重复编写的，要多利用开源平台诸如 GitHub 的开源代码以及网上丰富的各类模板来加快学习和开发进度。

1.5　前端开发环境

学习 HTML/CSS/JavaScript 只需要一个浏览器和一个文本编辑器作为开发工具即可。

1.5.1　浏览器

浏览器有 Chrome、Firefox、Edge、Safari 等主流浏览器。国内其他浏览器均使用和主流浏览器一样的内核，在此不再说明。

（1）Chrome

Chrome 是一款由 Google 公司开发的网页浏览器，该浏览器基于其他开源软件撰写，包括 WebKit，目标是提升稳定性、速度和安全性，并创造出简单且有效率的用户界面。是目前市场占有量最大的一款浏览器，也被开发者用于页面开发调试。Chrome 浏览器如图 1-1 所示。

图 1-1　Chrome 浏览器

（2）Firefox

Firefox，中文俗称"火狐"，是一个由 Mozilla 开发的自由及开放源代码的网页浏览器。其使用 Gecko 排版引擎，支持多种操作系统，如 Windows、macOS 及 GNU/Linux 等。Firefox 的开发目标是"尽情地上网浏览"和"对多数人来说最棒的上网体验"。其特点主要包括网络标准、隐私保护、个性化、出色的性能、全球通用、智能地址栏、文本选择、分页浏览等。目前，该浏览器在 Linux 和 UNIX 等系统中使用较多。Firefox 浏览器如图 1-2 所示。

图 1-2　Firefox 浏览器

（3）Edge

Microsoft Edge（简称 ME 浏览器）是由微软开发的基于 Chromium 开源项目及其他开源软件的网页浏览器。2021 年 5 月，微软宣布 IE 浏览器将在次年退出市场，2022 年 6 月，大多数版本的 Windows 10 系统不再支持 IE 浏览器，取而代之的是更新、更快、更安全的 Edge 浏览器。微软在浏览器方面主推 Edge，这款产品于 2015 年启用，与谷歌旗下的 Chrome 浏览器基础技术相同。Edge 浏览器如图 1-3 所示。

Edge 浏览器的一些功能细节包括支持内置 Cortana（微软小娜）语音功能；内置了阅读器

（可打开 PDF 文件）、笔记和分享功能；设计注重实用和极简主义；渲染引擎被称为 EdgeHTML。区别于 IE 的主要功能为，Edge 支持现代浏览器功能，比如扩展。

图 1-3　Edge 浏览器

（4）Safari

Safari 是一款由苹果开发的网页浏览器，是各类苹果设备（如 Mac、iPhone、iPad）的默认浏览器。其使用 WebKit 浏览器引擎。作为苹果计算机的操作系统 macOS 中的浏览器，Safari 用来取代之前的 Internet Explorer for Mac。Safari 能以惊人速度渲染网页，与 Mac 及 iPod Touch、iPhone、iPad 完美兼容，是苹果设备上用户首选的浏览器。Safari 浏览器如图 1-4 所示。

图 1-4　Safari 浏览器

1.5.2　开发工具

记事本、Sublime、VS Code、Atom 等工具用于编写代码，其中 Sublime、VS Code 以及 Atom 都有丰富的功能，支持代码高亮、不同语言的语法检测等一系列插件。接下来主要介绍当下主流的前端开发工具 Sublime、VS Code 和 Atom。

（1）Sublime

Sublime Text 是一个文本编辑器，同时也是一个先进的代码编辑器。具有漂亮的用户界面和强大的功能，例如代码缩略图、Python 的插件、代码段等。还可自定义键绑定、菜单和工具栏。Sublime Text 的主要功能包括拼写检查、书签、完整的 Python API、Goto 功能、即时项目切换、多选择、多窗口等。Sublime Text 是一个跨平台的编辑器，同时支持 Windows、Linux、Mac OS X 等操作系统。如图 1-5 所示。

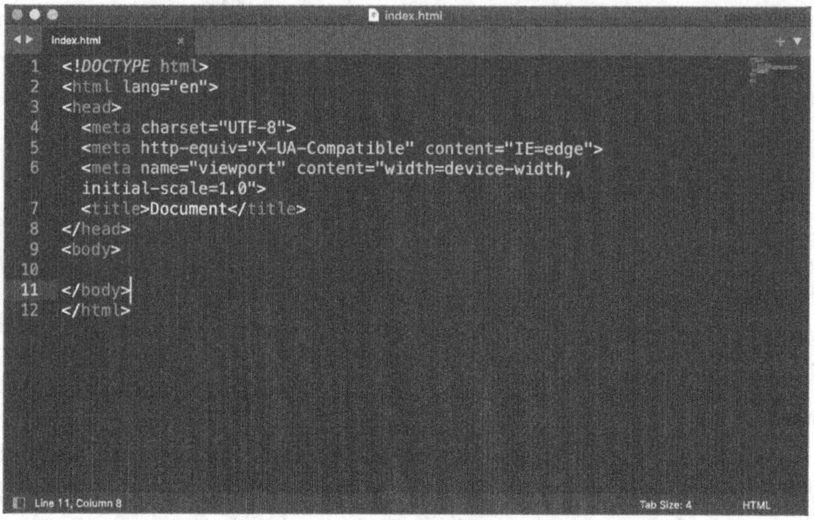

图 1-5　Sublime

Sublime 主要特色功能有：良好的扩展功能，官方称之为安装包（Package）；右边没有滚动条，取而代之的是代码缩略图；强大的快捷命令"可以实时搜索到相应的命令、选项、snippet 和 syntex，按下〈Enter〉键就可以直接执行，减少了查找的麻烦"；即时的文件切换；随心所欲地跳转到任意文件的任意位置；多重选择（Multi-Selection）功能允许在页面中同时存在多个光标；支持 VIM 模式；支持宏，简单地说就是把操作录制下来或者自己编写命令，然后播放刚才录制的操作或者命令等。

（2）VS Code

Visual Studio Code（VS Code）是微软 2015 年推出的一个轻量但功能强大的源代码编辑器，基于 Electron 开发，支持 Windows、Linux 和 macOS 操作系统。内置了对 JavaScript、TypeScript 和 Node.js 的支持并且具有丰富的其他语言与扩展的支持，功能超级强大。

VS Code 是一款免费开源的轻量级代码编辑器，支持几乎所有主流的开发语言的语法高亮、代码补全、自定义快捷键、括号匹配和颜色区分、代码片段、代码对比 Diff、GIT 命令等特性，支持插件扩展，并针对网页开发和云端应用开发做了优化。如图 1-6 所示。

（3）Atom

Atom 是 Github 专门为程序员推出的一个跨平台文本编辑器。具有简洁和直观的图形用户界面，并有很多有趣的特点：支持 CSS、HTML、JavaScript 等网页编程语言。它支持宏，自动完成分屏功能，集成了文件管理器；通过丰富的插件机制可以完成各种语言开发，常用于 Web 开发，也可用于 PHP 等后端开发。如图 1-7 所示。

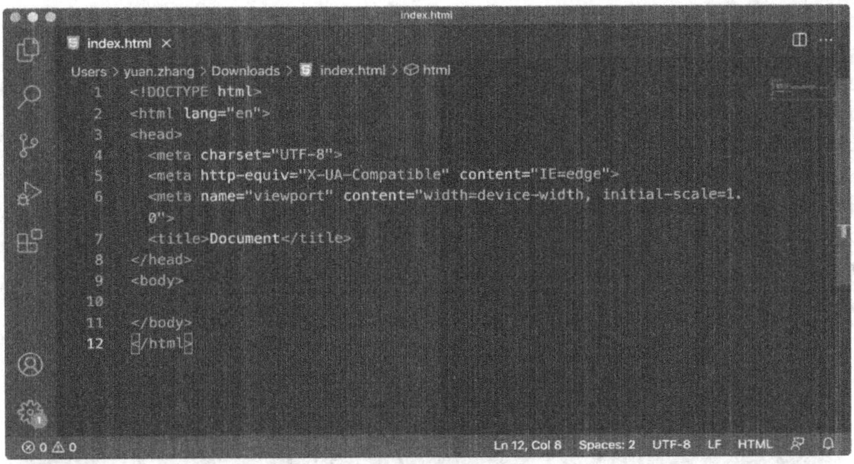

图 1-6　VS Code

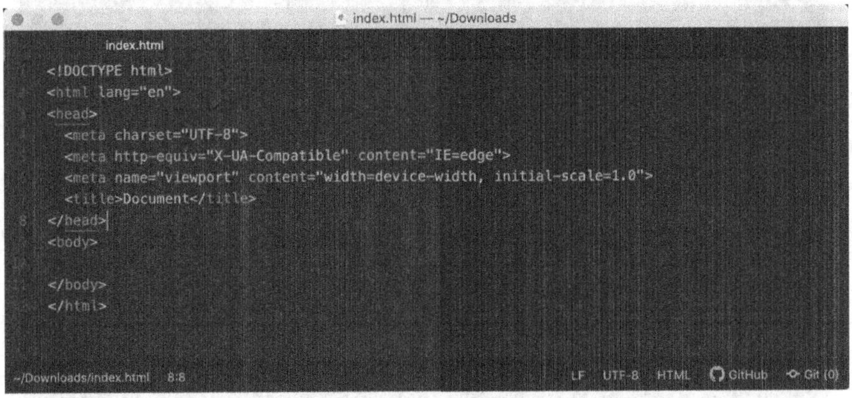

图 1-7　Atom

1.5.3　使用说明

接下来通过实例说明使用 macOS 下的 Safari 浏览器和 Sublime 编辑器进行网页的编辑。

具体步骤如下：

1）**步骤 1**：打开文本编辑器，新建 HTML 文件，并输入相应代码，见代码 1-1。

代码 **1-1**

```
<!DOCTYPE html>
<html>
 <head>
  <meta charset="utf-8">
  <title>Sample HTML/CSS/JavaScript</title>
  <style>
   body { background-color:#d0e4fe; }
   h1 { color:orange; text-align:center; }
   p { font-family:"Times New Roman"; font-size:20px; }
  </style>
  <script>
   function displayDate(){
    document.getElementById("demo").innerHTML=Date();
```

```
    }
  </script>
</head>
<body>
  <h1>HTML/CSS/JavaScript Sample</h1>
  <p id="demo">This paragraph will display the date</p >
  <button type="button" onclick="displayDate()">Display date</button>
</body>
</html>
```

效果如图 1-8 所示。

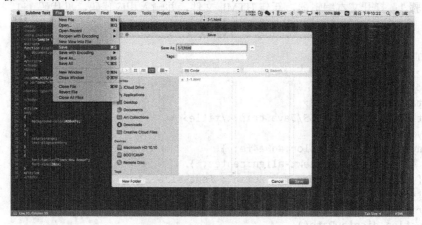

图 1-8　文本编辑器效果

2）步骤 2：保存代码为 HTML 文件，如图 1-9 所示。

图 1-9　保存为 HTML 文件

3）步骤 3：在浏览器中运行 HTML 文件，如图 1-10 所示。

图 1-10　浏览器运行结果

思考题

1．学习 HTML/CSS/JavaScript 通常要准备哪些工具？

2．HTML 中<!DOCTYPE html>、<html>、<head>、<title>、<body>、<h1>、<p> 标签的基本含义是什么？

3．现代网页设计思路经常将网页分成哪三个层次？

4．简单概括 HTML/CSS/JavaScript 的特点。

5．CSS 有几种使用形式，分别是哪几种？

6．尝试使用 HTML/CSS/JavaScript 实现一个简单的时钟功能（Time 标签）。

7．试使用 HTML/CSS/JavaScript 实现一个带有界面的时钟功能。

第 2 章
HTML 介绍

本章主要介绍标记语言的概念，对 HTML 这种标记语言进行介绍，并以示例的形式简要说明 HTML 的结构。

2.1 标记语言

首先简要介绍什么是标记语言及其应用场景，并通过示例加以说明。

2.1.1 定义

标记语言（也称置标语言、标志语言、标识语言）是一种将文本（Text）以及文本相关的其他信息结合起来，展现出关于文档结构和数据处理细节的计算机文字编码。与文本相关的其他信息（如文本的结构和表示信息等）和原来的文本结合在一起，都是使用标记（markup）进行标识。

2.1.2 应用与示例

标记语言的应用十分广泛，它提供了一种人们利用计算机将自己想法表现出来的方法。这种方式不仅精准而且高效；不仅运用在网页设计、众多应用开发中，诸如 Android 和 Windows 开发都会利用到 XML 文件中的标记语言控制显示界面，甚至被应用到了现代音乐曲谱当中，通过 MusicXML 文件精准高效地显示曲谱。

在使用标记语言时，不能把它机械地看成一种编程语言，应当将其看成一种使用计算机创作的工具，标记语言给人们提供了一种与计算机打交道的绝佳手段，通过简单的标签控制就能够实现精准高效的显示效果。标记语言在控制显示和设计方面有着极为明显的优势。

更通俗地说，标记语言其实就是在一段文本内，不但有该文本真正需要传递给读者的有用信息，更有描述该段文本中各部分文字的情况的信息。

举个例子：

```
<问题>
    <问题标题>怎么用通俗的语言解释下什么是 HTML 和标记语言？
    <问题描述>不要百度什么复制的。看不懂

<回答>
    <回答者>Teacher
    <回答者简介>Software Engineer
```

```
<回答内容>HTML 是......具体可以查看维基百科的介绍，地址是<引用网址>www.wiki.com
<回答>
    <回答者>小明
    <回答者简介>zhihuer2
    <回答内容>实名反对 LS，我来说明下 blablabla
```

就像这样，标记语言描述了这个问题以及问题下的回答。这段标记语言既描述了文档本身的信息（问题内容和回答的情况），也描述了文档的结构和各部分的作用。

2.2　HTML 说明

HTML（Hyper Text Markup Language）的中文含义为超文本标记语言。HTML 是由 Web 的发明者于 1989 年创立的一种标记语言，它是标准通用化标记语言 SGML 的应用。HTML 是一种基础技术，常与 CSS、JavaScript 一起被众多网站用于设计网页、网页应用程序以及移动应用程序的用户界面。网页浏览器可以读取 HTML 文件，并将其渲染成可视化网页。HTML 描述了一个网站的结构语义随着线索的呈现，使之成为一种标记语言而非编程语言。用 HTML 编写的超文本文档称为 HTML 文档，它能独立于各种操作系统平台运行。使用 HTML 将所需要表达的信息按某种规则写成 HTML 文件，通过浏览器来识别，并将 HTML 文件"翻译"成可以识别的信息，即现在所见到的网页。

2.2.1　HTML 发展历程

HTML 是用来标记 Web 信息如何展示以及其他特性的一种语法规则，它最初于 1989 年由 CERN 的 Tim Berners-Lee 发明。HTML 基于更古老一些的语言 SGML 定义，并简化了其中的语言元素。这些元素用于告诉浏览器如何在用户的屏幕上展示数据，所以很早就得到各个 Web 浏览器厂商的支持。

HTML 历史上有如下版本：

1）HTML1.0：在 1993 年 6 月作为互联网工程工作小组（IETF）工作草案发布。

2）HTML2.0：1995 年 11 月作为 RFC 1866 发布。

3）HTML3.2：1997 年 1 月 14 日，W3C 推荐标准。

4）HTML4.0：1997 年 12 月 18 日，W3C 推荐标准。

5）HTML4.01：1999 年 12 月 24 日，W3C 推荐标准。

6）HTML5：HTML5 是公认的下一代 Web 语言，极大地提升了 Web 在富媒体、富内容和富应用等方面的能力。Internet Explorer 8 及以前的版本不支持 HTML5。

2.2.2　HTML 标记

HTML 是世界通用的、用于描述一个**网页**的信息的标记语言，人们使用的浏览器具有将 HTML 文档渲染并展示给用户的功能（当你访问知乎网站的时候，实际上你获得了一份由知乎提供给你的 HTML 文档。浏览器将根据 HTML 文档渲染出你看到的网页）。将上面例子中那段标记语言"翻译"成 HTML，大概就是这样：

```
<header>
    <h1>怎么用通俗的语言解释下什么是 HTML 和标记语言？</h1>
    <p>不要百度什么复制的。看不懂</p>
</header>
<section>
```

```
   <article>
       <div>
         <span>Test Paragraph</span>
       </div>
       <p>
           HTML 是 blablabla,具体可以查看维基百科的介绍，地址是<a>www.wiki.com</a>
       </p>
   </article>
   <article>
       <div>
           小明,<span>zhihuer2</span>
       </div>
       <p>
           实名反对 LS，我来说明下 blablabla
       </p>
   </article>
</section>
```

上一段 HTML 文本中，<header><article>这类的带尖括号的标记叫**标签**，标签描述了文本的作用，比如<p>标签表示其内部的文本是一个段落，<a>标签标识内部的文本是超链接；与此同时，通过标签的互相嵌套，表示了这个文档的结构。至于哪个标签表示什么意思、总共有多少个种类的标签这类的问题，由**万维网联盟**规定。

HTML 标签用于标记 HTML 元素的开始，通常用尖括号括起来，例如<h1>标签。大多数标签必须有开始 <h1> 和结束 </h1> 才能起作用。标签属性包含附加信息，采用附加在开始标签的形式进行添加。在 img 标签的例子中，包含 src 和 alt 两个属性。

```
<img src="mydog.jpg" alt="A photo of my dog."/>
```

2.2.3 HTML 的语言特点

HTML 作为一种超文本标记语言，其文档制作不是很复杂，但功能强大，支持不同数据格式的内容，这也是万维网（WWW）盛行的原因之一。其主要特点如下。

1）简易性：HTML 版本升级采用超集方式，从而更加灵活方便。

2）可扩展性：HTML 的广泛应用带来了加强功能，增加标识符等要求，HTML 采取子类元素的方式，为系统扩展带来保证。

3）平台无关性：虽然个人计算机系统比较多，包括 Windows、Linux、Mac、Android 等，HTML 可以使用在广泛的平台上，这也是万维网（WWW）盛行的另一个原因。

4）通用性：另外，HTML 是网络的通用语言，一种简单、通用的全置标记语言。它允许网页制作者建立文本与图片相结合的复杂页面，这些页面可以被网上任何其他人浏览到，无论使用的是什么类型的计算机或浏览器。

2.2.4 HTML5 简介

HTML5 是 HTML 语言的最新版本，代表了与以前 HTML 版本在实践中的重大突破。对语言进行重大更改的目的是标准化开发人员使用它的许多新方式，并在 Web 开发方面能够有更好的实践。

在新版本中，对已有标签进行了大量的更新并新增了很多标签。这些变化的目标主要包括：

1）鼓励使用语义化（有意义的）标签。

2）将设计与内容分离。

3）促进可访问性和设计响应能力。

4）减少 HTML、CSS 和 JavaScript 之间的重叠。

5）支持富媒体体验，同时消除对 Flash 或 Java 等插件的需求。

6）掌握 HTML5 不仅是为了了解哪些 CSS 特性取代了旧的 HTML 特性，而是通过对 HTML5 有一个直观的认识，更好地开发内容丰富的页面。

最新版本的 Apple Safari、Google Chrome、Mozilla Firefox、Opera 和 Microsoft Internet Explorer 以及 Microsoft Edge，都支持许多新的 HTML5 功能。此外，预装在 iPhone、iPad 和 Android 手机上的移动网络浏览器都支持 HTML5。这些浏览器（其中很多国产浏览器其实内核均基于 IE 或者 Webkit 等，在此不作说明）版本支持情况如下：

1）IE9+（Windows）。

2）Firefox3.0+（所有操作系统）。

3）Safari3.0+（Windows、OS X、iPhone OS1.0）。

4）Chrome 3.0195+。

5）Opera 9.5+。

2.3　HTML 结构

HTML 页面的基本构造如图 2-1 所示，这些标签依次放在创建的 HTML 页面中。

<!DOCTYPE html>：此标签指定将在页面使用的语言。在这种选择下，语言是 HTML 5。

<html>：此标签表示从这里开始将用 HTML 代码编写。

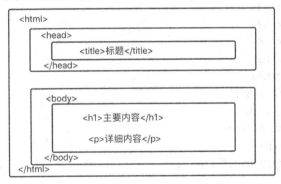

图 2-1　HTML 结构

<head>：这是页面的所有 meta 属性所在的位置，主要用于搜索引擎和其他计算机程序的内容。在 head 标签中，主要出现的子标签有 title、meta、link、style、script 等。

<body>：这是页面内容所在的位置。body 中的标签添加主要是人们能够在浏览器中看到的内容，主要包括文本、图片、视频、表格等内容。

```
<!DOCTYPE html>
<html lang="en">
  <head>
    <title>My First Webpage</title>
    <meta charset="UTF-8">
```

```
    <meta name="description" content="This field contains information about your
page. It is usually around two sentences long.">
    <meta name="author" content="Conor Sheils">
  </head>
  <body>
    <h1>header</h1>
    <p>content</p>
  </body>
</html>
```

2.4　HTML 示例

为了介绍 HTML 代码格式，下面通过代码 2-1 来进行 HTML 格式示范，并列举一些常用的标签展示。

代码 2-1

```
<!DOCTYPE html>
<html>
<head>
  <title>HTML Demo</title>
  <meta charset="utf-8">
</head>
<body>
  <h1>这是 h1 标签</h1>
  <h2>这是 h2 标签</h2>
  <h3>这是 h3 标签</h3>
  <h4>这是 h4 标签</h4>
  <h5>这是 h5 标签</h5>
  <h6>这是 h6 标签</h6>
  <b>这是粗体标签</b><br>
  <i>这是斜体标签</i><br>
  <u>这是下画线标签</u><br>
  <p>这是段落标签</p>
  <p>空   格</p>
  <hr>

  <h2>html 中特殊字符的使用与演示</h2>
  <h6>&lt;：这是小于号的演示</h6>
  <h6>&gt;：这是大于号的演示</h6>
  <h6>&amp;:这是和号的演示</h6>
  <h6>&quot;：这是引号的演示</h6>
  <h6>&apos;：这是撇号的演示</h6>
  <hr>

  <h2>html 中文字列表标签的使用与演示</h2>
  <ol  type="A">
```

```html
      <li>有序的第一个标签</li>
      <li>有序的第二个标签</li>
      <li>有序的第三个标签</li>
   </ol>
   <h4>无序列表的使用</h4>
   <ul type="square">
      <li>无序列表的第一个标签</li>
      <li>无序列表的第二个标签</li>
      <li>无序列表的第三个标签</li>
   </ul>

   <h4>定义列的使用</h4>
   <dl>
      <dt>定义列表的第一个</dt>
      <dd>这是定义列表的使用</dd>
      <dt>定义列表的第二个</dt>
      <dd>这是定义列表的使用</dd>
      <dt>这是定义语的行</dt>
      <dd>这是定义语说明的行</dd>
   </dl>
   <hr>

   <h2>html 中超链接的使用</h2>
   <a href="http://www.baidu.com" target="_blank">百度一下</a>
   <hr>

   <h2>html 中的表格</h2>
   <table border="1px" align="center" width="700px" cellpadding="10px" cellspacing="0px">
      <caption>这是表格的练习</caption>
      <tr align="center">
         <th>第一个表格</th>
         <th>第一个表格内容</th>
      </tr>
      <tr align="center" bgcolor="red">
         <td>第二个表格</td>
         <td>第二个表格内容</td>
      </tr>
      <tr valign="top" height="100px">
         <td>第三个表格</td>
         <td>第三个表格内容</td>
      </tr>
   </table>
</body>
</html>
```

页面效果如图 2-2 所示。

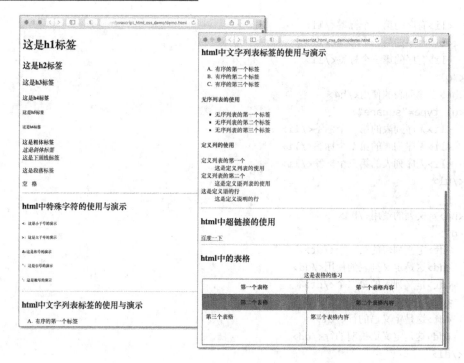

图 2-2 HTML 页面效果

2.5 HTML 调试

HTML 语法简单，书写起来比较容易，但要是出了错，也会令人一头雾水。接下来介绍如何对 HTML 进行调试。

2.5.1 HTML 代码错误

浏览器并不会将 HTML 编译成其他形式，而是直接解析并显示结果（称之为解析，而非编译）。可以说 HTML 的元素语法更容易理解。浏览器解析 HTML 的过程比编程语言的编译运行的过程要宽松得多，但这是一把双刃剑。

这种宽松使得通常写错代码会带来以下两种主要类型的错误。语法错误：由于拼写错误导致程序无法运行。通常熟悉语法并理解错误信息后很容易修复。逻辑错误：不存在语法错误，但代码无法按预期运行。通常逻辑错误比语法错误更难修复，因为无法得到指向错误源头的信息。

HTML 本身不容易出现语法错误，因为浏览器是以宽松模式运行的，这意味着即使出现语法错误，浏览器依然会继续运行。浏览器通常都有内建规则来解析书写错误的标记，所以即使与预期不符，页面仍可显示出来。当然这是存在隐患的。

要发现 HTML 中的错误，就需要对 HTML 代码进行错误调试。

2.5.2 HTML 错误调试

我们一般会使用浏览器进行页面内容查看，遇到 HTML 程序问题，直接呈现在浏览器窗口中。而且考虑到主流浏览器都支持页面调试功能，这使得通过浏览器调试 HTML 变得比较方便。

　　在已有主流浏览器中，Chrome 对程序的调试功能做得最好，提供了开发者工具用于诊断问题、调试程序等。

　　调试程序，我们以 Chrome 浏览器做说明，第一步需要打开要调试的网页，并在页面处右键单击，选择"检查"进入开发工具进行调试，如图 2-3 所示。

图 2-3　打开 Chrome 调试示意图

打开开发者工具后，对页面进行代码调试，操作如图 2-4 所示。

图 2-4　Chrome 调试代码示意图

1）首先单击开发者工具栏的 Elements 列，进行元素审查。
2）展开 DOM 结构，选中需要审查的代码内容进行调试。

3）选中<h2>标签进行查看属性，可以看到该标签上绑定的属性是否正确，页面样式（如图右下方所示）是否设置正确。

4）通过上述查看与分析，可简单对代码进行调试，修复对应的问题。

思考题

1. 什么是标记语言？
2. HTML 与标记语言之间有什么关系？

第3章
HTML 基本概念

为了深入了解 HTML，要对 HTML 的基本概念进行进一步探究。HTML 基本概念的内容包括元素、元素属性、元素样式以及注解与 div 元素介绍。

3.1 元素

元素是 HTML 的基础，可以通过元素的不同排列和嵌套来实现页面的布局。设计出好的页面结构，首先就要了解元素的特性并运用好元素。

3.1.1 HTML 元素语法

HTML 元素语法包含如下内容。

1）HTML 元素以开始标签起始。

2）HTML 元素以结束标签终止。

3）元素的内容是开始标签与结束标签之间的内容。

4）某些 HTML 元素具有空内容（Empty Content）。

5）空元素在开始标签中进行关闭（以开始标签的结束而结束）。

6）大多数 HTML 元素可拥有属性。

HTML 文档由嵌套的 HTML 元素构成。

```
<!DOCTYPE html>
<html>
<body>
<p>这是第一个段落。</p>
</body>
</html>
```

以上实例包含了三个 HTML 元素，<html>、<body>和<p>。

3.1.2 常见元素

HTML 元素的分类有块级元素和行内元素。

（1）块级元素（block）的特点

1）总是在新行上开始。

2）高度、行高以及外边距和内边距都可控制。

3）宽度默认是它的容器的 100%，除非设定一个宽度。

4）它可以容纳内联元素和其他块元素。

（2）内联元素（inline）的特点

1）和其他元素都在一行上。

2）高和外边距不可改变。

3）宽度就是它的文字或图片的宽度，不可改变。

4）设置宽度 width 无效。

5）设置高度 height 无效，可以通过 line-height 来设置。

6）设置 margin 只有左右 margin 有效，上下无效。

7）设置 padding 只有左右 padding 有效，上下无效。注意元素范围是增大了，但是对元素周围的内容是没有影响的。

8）内联元素只能容纳文本或者其他内联元素。

（3）常见块级元素

常见块级元素如表 3-1 所示。

表 3-1　常见块级元素

标签	意义
address	地址
blockquote	块引用
center	居中对齐块（HTML5 取消了该标签）
div	常用块级容器，也是 CSS layout 的主要标签
dl	定义列表
fieldset	form 控制组
form	交互表单
h1	大标题
h2	副标题
h3	3 级标题
h4	4 级标题
h5	5 级标题
h6	6 级标题
hr	水平分隔线
menu	菜单列表
noframes	frames 可选内容（对于不支持 Frame 的浏览器显示此区块内容）
noscript	可选脚本内容（对于不支持 Script 的浏览器显示此内容）
ol	排序表单
p	段落
pre	格式化文本
table	表格
ul	非排序列表（无序列表）

（4）常见内联元素

常见块级元素如表 3-2 所示。

表 3-2　常见内联元素

标签	意义
a	锚点
abbr	缩写
acronym	首字
b	粗体（不推荐）
bdo	覆盖默认的文本方向
big	大字体
br	换行
cite	引用
code	计算机代码（在引用源码的时候需要）
dfn	定义字段
em	强调
font	字体设定（不推荐）
i	斜体
img	图片
input	输入框
kbd	定义键盘文本
label	表格标签
q	短引用
s	中划线（不推荐）
samp	定义范例计算机代码
select	项目选择
small	小字体文本
span	常用内联容器，定义文本内区块
strike	中划线
strong	粗体强调
sub	下标
sup	上标
textarea	多行文本输入框
tt	电传文本
u	下画线
var	定义变量

3.1.3　HTML 实例解析

接下来通过 3 个元素，举例说明元素的具体使用。

1）<p> 元素：

```
<p>这是第一个段落。</p>
```

这个 <p> 元素定义了 HTML 文档中的一个段落。这个元素拥有一个开始标签 <p> 以及一个结束标签 </p>。元素内容是：这是第一个段落。

2）<body> 元素：

```
<body>
<p>这是第一个段落。</p>
</body>
```

<body> 元素定义了 HTML 文档的主体。

这个元素拥有一个开始标签 <body> 以及一个结束标签 </body>。元素内容是另一个 HTML 元素（p 元素）。

3）<html> 元素：

```
<html>
<body>
<p>这是第一个段落。</p>
</body>
</html>
```

<html> 元素定义了整个 HTML 文档。

这个元素拥有一个开始标签 <html>，以及一个结束标签 </html>。元素内容是另一个 HTML 元素（body 元素）。

3.1.4　注意事项

在使用标签的过程中，也有些特殊的知识点需要注意，主要有以下 3 点。

（1）结束标签

即使忘记了使用结束标签，大多数浏览器也会正确地显示 HTML：

```
<p>这是一个段落
<p>这是一个段落
```

以上实例在浏览器中也能正常显示，因为关闭标签是可选的。但不要依赖这种做法，忘记使用结束标签会产生不可预料的结果或错误。

（2）HTML 空元素

没有内容的 HTML 元素被称为空元素。空元素是在开始标签中关闭的。
 就是没有关闭标签的空元素（
 标签定义换行）。

在 XHTML、XML 以及未来版本的 HTML 中，所有元素都必须被关闭。在开始标签中添加斜杠，比如
，是关闭空元素的正确方法，HTML、XHTML 和 XML 都接受这种方式。即使
 在所有浏览器中都是有效的，但使用
 其实是更长远的保障。

（3）大小写标签

HTML 标签对大小写不敏感：如<P> 等同于 <p>。许多网站都使用大写的 HTML 标签。本书中使用的是小写标签，因为万维网联盟（W3C）在 HTML4 中**推荐**使用小写，而在未来（X）HTML 版本中**强制**使用小写。

3.2　属性

HTML 标签可以拥有**属性**。属性提供了有关 HTML 元素的**更多的**信息。属性总是以名称/值对的形式出现，比如：**name="value"**。属性总是在 HTML 元素的**开始标签**中规定。

3.2.1　属性语法

HTML 元素可以设置**属性**，属性可以在元素中添加**附加信息**。

（1）HTML 属性常用引用属性值

属性值应该始终被包括在引号内。双引号是最常用的，不过使用单引号也没有问题。在某些个别的情况下，比如属性值本身就含有双引号，那么必须使用单引号，例如：

```
name='John "ShotGun" Nelson'
```

（2）HTML 提示：使用小写属性

属性和属性值对大小写不敏感。

（3）HTML 属性参考手册

查看完整的 HTML 属性列表：HTML 标签参考手册。下面列出适用于大多数 HTML 元素的属性。

3.2.2　常见属性

表 3-3、表 3-4、表 3-5、表 3-6 分别列举了对齐，范围属性、色彩属性、表属性和 img 属性。

表 3-3　对齐，范围属性

属性	意义
align=left	左对齐（默认值）
width=像素值或百分比，对象宽度.	对象宽度
height=像素值或百分比	对象高度
align=center	居中
align=right	右对齐

表 3-4　色彩属性

属性	意义
color=#RRGGBB	前景色
background-color=#RRGGBB	背景色

表 3-5　表属性

属性	意义
cellpadding=数值单位是像素	定义表元内距
cellspacing=数值单位是像素	定义表元间距
border=数值单位是像素	定义表格边框宽度
width=数值单位是像素或窗口百分比	定义表格宽度
background=图片链接地址	定义表格背景图
colspan=""	单元格跨越多列
rowspan=""	单元格跨越多行
width=""	定义表格宽度
height=""	定义表格高度
align=""	对齐方式

（续）

属性	意义
border=""	边框宽度
bgcolor=""	背景色
bordercolor=""	边框颜色
bordercolorlight=""	边框明亮面的颜色
bordercolordark=""	边框暗淡面的颜色
cellpadding=""	内容与边框的距离（默认为2）
cellspacing=""	单元格间的距离（默认为2）

表 3-6　img 属性

属性	意义
src="../../"	图片链接地址
filter=""	样式表滤镜
alpha=""	透明滤镜
opacity="100"	不透明度（0～100）
style="2"	样式（0～3）
rules="none"	不显示内框

3.2.3　属性实例

下面通过 3 个示例来举例示范元素属性的使用。

（1）属性例子 1

代码 3-1 实现一个 HTML 元素对齐属性控制实例。

代码 3-1

```
<h1> 定义标题的开始。
<h1 align="center"> 拥有关于对齐方式的附加信息。
```

在浏览器和编辑器中的显示效果如图 3-1 所示。

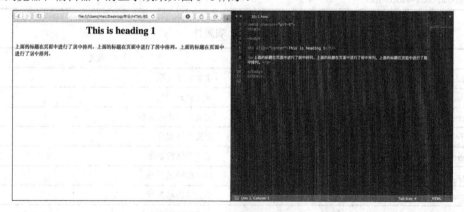

图 3-1　属性样例 1

（2）属性例子 2

代码 3-2 实现一个 HTML 元素背景颜色属性控制实例。

24

代码 **3-2**

```
<body> 定义 HTML 文档的主体。
<body bgcolor="yellow"> 拥有关于背景颜色的附加信息。
```

在浏览器和编辑器中的显示效果如图 3-2 所示。

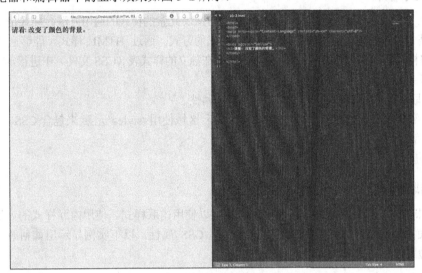

图 3-2　属性样例 2

（3）属性例子 3

代码 3-3 实现一个 HTML 元素颜色属性控制实例。

代码 **3-3**

```
<table> 定义 HTML 表格。（您将在稍后的章节学习到更多有关 HTML 表格的内容）
<table border="1"> 拥有关于表格边框的附加信息。
```

在浏览器和编辑器中的显示效果如图 3-3 所示。

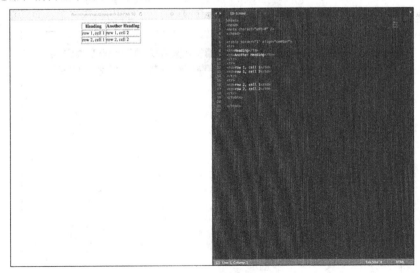

图 3-3　属性样例 3

3.3 样式

样式即 style，它用于改变 HTML 元素的布局。通常通过 CSS 实现。

3.3.1 样式简介

HTML 的 style 属性提供了一种改变所有 HTML 元素的样式的通用方法。样式是 HTML4 引入的，它是一种新的首选的改变 HTML 元素样式的方式。通过 HTML 样式，能够通过使用 style 属性直接将样式添加到 HTML 元素，或者间接地在独立的样式表（CSS 文件）中进行定义。

CSS（style）有下面三种使用方式：

1）内联样式。在 HTML 元素中使用 style 属性。

2）内部样式表。在 HTML 文档头部 <head> 区域使用<style> 元素 来包含 CSS。

3）外部引用。使用外部 CSS 文件。

最好的方式是通过外部引用 CSS 文件。.

3.3.2 内联样式

当特殊的样式需要应用到个别元素时，就可以使用内联样式。使用内联样式的方法是在相关的标签中使用样式属性。样式属性可以包含任何 CSS 属性。以下实例显示出如何改变段落的颜色和左外边距。

```
<p style="color:blue;margin-left:20px;">This is a paragraph.</p>
```

（1）HTML 样式实例-背景颜色

背景色属性（background-color）定义一个元素的背景颜色，见代码 3-4。

代码 3-4

```
<body style="background-color:yellow;">
    <h2 style="background-color:red;">这是一个标题</h2>
    <p style="background-color:green;">这是一个段落。</p>
</body>
```

浏览器中显示效果如图 3-4 所示。

图 3-4　HTML 样式实例-背景颜色

早期背景色属性（background-color）是使用 bgcolor 属性定义的，这个属性在这里也可以使用。

（2）HTML 样式实例-字体，字体颜色，字体大小

可以使用 font-family（字体）、color（颜色）和 font-size（字体大小）属性来定义字体的样式。见代码 3-5。

代码 3-5

```
<h1 style="font-family:verdana;">一个标题</h1>
<p style="font-family:arial;color:red;font-size:20px;">一个段落。</p>
```

浏览器中显示效果如图 3-5 所示。

图 3-5　HTML 样式实例-字体，字体颜色，字体大小

现在通常使用 font-family（字体）、color（颜色）和 font-size（字体大小）属性来定义文本样式，而不是使用<font>标签。

（3）HTML 样式实例-文本对齐方式

使用 text-align（文字对齐）属性指定文本的水平与垂直对齐方式，见代码 3-6。

代码 3-6

```
<h1 style="text-align:center;">居中对齐的标题</h1>
<p>这是一个段落。</p>
```

浏览器中显示效果如图 3-6 所示。

图 3-6　HTML 样式实例-文本对齐方式

文本对齐属性 text-align 取代了旧标签 <center>。

3.3.3　内部样式表

当单个文件需要特别样式时，就可以使用内部样式表。可以在<head> 部分通过 <style>标签定义内部样式表：

```
<head>
  <style type="text/css">
    body {background-color:yellow;}
    p {color:blue;}
  </style>
</head>
```

完整代码如代码 3-7 所示。

代码 **3-7**

```
<!DOCTYPE html>
<html>
  <head>
    <style type="text/css">
      body {background-color:yellow;}
      p {color:blue;}
    </style>
    <meta charset="utf-8">
    <title>HTML/CSS/JavaScript Guider</title>
  </head>
  <body>
    <h1 style="text-align:center;">居中对齐的标题</h1>
    <p>这是一个段落。</p>
  </body>
</html>
```

浏览器中显示效果如图 3-7 所示。

图 3-7　HTML 样式实例-文本对齐方式

3.3.4　外部样式表

当样式需要被应用到很多页面的时候，外部样式表将是理想的选择。使用外部样式表，就可以通过更改一个文件来改变整个网站的外观。

```
<head>
  <link rel="stylesheet" type="text/css" href="mystyle.css">
```

```
</head>
```

CSS 文件代码如下。

```
body {
  background-color: black;
}
p {
  color: pink;
}
```

HTML 文件代码如代码 3-8 所示。

代码 3-8

```
<!DOCTYPE html>
<html>
<head>
  <link rel="stylesheet" type="text/css" href="10-8.css">
  <meta charset="utf-8">
  <title>HTML/CSS/JavaScript Guider</title>
</head>
<body>
  <p>这是一个段落。</p>
</body>
</html>
```

注意 HTML 文件和 CSS 文件的相对路径要与<link>标签中的 href="10-8.css"一致。如图 3-8 所示。

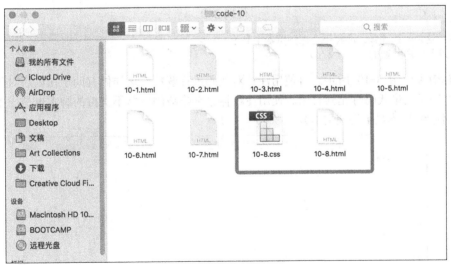

图 3-8　HTML 和 CSS 文件相对路径

浏览器中显示效果如图 3-9 所示。

3.3.5　HTML 样式标签

HTML 的样式标签如表 3-7 所示。

图 3-9　HTML 样式实例外部样式表

表 3-7　HTML 样式标签

标签	描述
<style>	定义文本样式
<link>	定义资源引用地址

3.4　注释

注释标签用于在源代码中插入注释。注释不会显示在浏览器中，见代码 3-9。

代码 3-9

```
<!-- 这是一段注释。注释不会在浏览器中显示。-->
<p>这是一段普通的段落。</p>
```

注释效果如图 3-10 所示。可使用注释对代码进行解释，这样做有助于在以后对代码的编辑，当编写了大量代码时尤其有用。使用注释标签来隐藏浏览器不支持的脚本也是一个好习惯（这样就不会把脚本显示为纯文本）。

图 3-10　注释效果

3.5　区块（div）

大多数 HTML 元素被定义为**块级元素**或**内联元素**。块级元素在浏览器显示时，通常会以新行来开始（和结束）。例如：　<h1>, <p>, <ul>, <table>。

在页面中最常用的元素主要有 div 和 span。

（1）<div>和<span>

HTML 可以通过 <div> 和 <span>将元素组合起来。

（2）内联元素

内联元素在显示时通常不会以新行开始。例如：<b>, <td>, <a>, <img>。

（3）<div>元素

HTML <div> 元素是块级元素，它可用于组合其他 HTML 元素的容器。<div> 元素没有特定的含义。除此之外，由于它属于块级元素，浏览器会在其前后显示折行。如果与 CSS 一同使用，<div> 元素可用于对大的内容块设置样式属性。<div> 元素的另一个常见用途是文档布局。它取代了使用表格定义布局的老式方法。使用 <table> 元素进行文档布局不是表格的正确用法。<table> 元素的作用是显示表格化的数据。

（4）<span>元素

HTML <span> 元素是内联元素，可用作文本的容器<span> 元素也没有特定的含义。当与 CSS 一同使用时，<span> 元素可用于为部分文本设置样式属性。

（5）分组标签

HTML 分组标签如表 3-8 所示。

表 3-8　HTML 分组标签

标签	描述
<div>	定义了文档的区域，块级（block-level）
<span>	用来组合文档中的行内元素，内联元素（inline）

思考题

1．HTML 元素基本语法有哪几点？

2．没有结束标签 HTML 一定会显示错误么？

3．下列哪个是 HTML 空元素？（　　　）

　　A．<p>123</p>

　　B．<script> alert("Hello"); </script>

　　C．
</br>

　　D．<html>null</html>

4．下列哪个不是 img 属性？（　　　）

　　A．src="../../"　　　　　　　B．filter:""

　　C．alpha:""　　　　　　　　D．colspan=""

5．什么是 CSS 内联样式？

6．什么是<div>？

第4章
HTML 常用控件

在 HTML 中，除了常用的标签外，还有些相对复杂的控件（标签），主要包括表单控件、媒体控件。

4.1 表单

表单是前后端交互的一个重要渠道，通过表单的形式，前端可以把数据从页面提交到服务器进行处理。

4.1.1 表单简介

HTML 表单用于接收不同类型的用户输入，用户提交表单时向服务器传输数据，从而实现用户与 Web 服务器的交互。如图 4-1 所示。

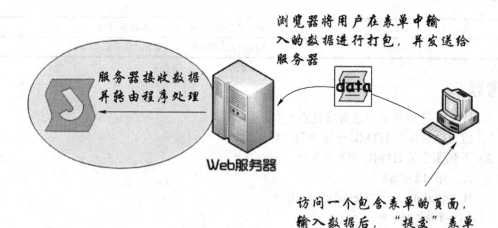

图 4-1 表单的工作机制

4.1.2 表单定义

HTML 表单是一个包含表单元素的区域，表单使用<form> 标签创建。表单能够包含 input 元素，比如文本字段、复选框、单选框、提交按钮等。表单还可以包含 menus、textarea、fieldset、legend 和 label 元素。注意，<form >元素是块级元素，其前后会产生折行。

```
<form action="reg.ashx" method="post">
<!--表单元素在这里-->
</form>
```

4.1.3　表单属性

表单提交时，有一定的数据格式要求，只有符合属性要求的表单，才能被提交到服务器端并且被正确识别到。

（1）action

该属性规定当提交表单时，向何处发送表单数据。action 取值为：第一，一个 URL（绝对 URL/相对 URL），一般指向服务器端一个程序，程序接收到表单提交过来的数据（即表单元素值）作相应处理。比如<form action="http://www.cnblogs.com/reg.ashx">，当用户提交这个表单时，服务器将执行网址"http://www.cnblogs.com/"上的名为"reg.ashx"的一般处理程序。第二，使用 mailto 协议的 URL 地址，这样会将表单内容以电子邮件的形式发送出去。这种情况是比较少见的，因为它要求访问者的计算机上安装和正确设置好了邮件发送程序。第三，空值，如果 action 为空或不写，表示提交给当前页面。

（2）method

该属性定义浏览器将表单中的数据提交给服务器处理程序的方式。关于 method 的取值，最常用的是 get 和 post。第一，使用 get 方式提交表单数据，Web 浏览器会将各表单字段元素及其数据按照 URL 参数格式附在<form>标签的 action 属性所指定的 URL 地址后面，发送给 Web 服务器；由于 URL 的长度限制，使用 get 方式传送的数据量一般限制在 1KB 以下。第二，使用 post 方式，浏览器会将表单数据作为 HTTP 请求体的一部分发送给服务器。一般来说，使用 post 方式传送的数据量要比 get 方式传递的数据量大；根据 HTML 标准，如果处理表单的服务器程序不会改变服务器上存储的数据，则应采用 get 方式（比如查询），如果表单处理的结果会引起服务器上存储的数据的变化，则应该采用 post 方式（比如增删改操作）。第三，其他方式（head、put、delete、trace 或 options 等）。其实，最初 HTTP 标准对各种操作都规定了相应的 method 方法，但后来很多都没有被遵守，大部分情况只是使用 get 或 post 就能满足需求。

（3）target

该属性规定在何处显示 action 属性中指定的 URL 所返回的结果。取值有_blank（在新窗口中打开）、_self（在相同的框架中打开，默认值）、_parent（在父框架中打开）、_top（在整个窗口中打开）和 framename（在指定的框架中打开）。

（4）title

设置网站访问者的鼠标放在表单上的任意位置停留时，浏览器用小浮标显示的文本。

（5）enctype

规定在发送到服务器之前应该如何对表单数据进行编码。取值：默认值为 "application/x-www-form-urlencoded"，在发送到服务器之前，所有字符都会进行编码（空格转换为 "+" 加号，特殊符号转换为 ASCII HEX 值）；"multipart/form-data"：不对字符编码，在使用包含文件上传控件的表单时，必须使用该值。

（6）name

表单的名称。注意和 id 属性的区别：name 属性是和服务器通信时使用的名称；而 id 属性是浏览器端使用唯一标识，该属性主要是为了方便客户端编程，而在 CSS 和 JavaScript 中使用的。

4.1.4 表单元素

表单有丰富的元素类型，主要为以下几种。

（1）单行文本框

单行文本框<input type="text"/>（input 的 type 属性的默认值就是"text"）代码见代码 4-1，显示效果如图 4-2 所示。

代码 4-1

```
<input type="text" name="名称"/>
```

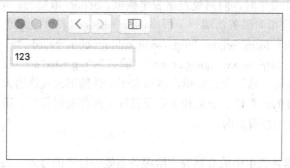

图 4-2　单行文本框

以下是单行文本框的主要属性：

size：指定文本框的宽度，以字符个数为单位；在大多数浏览器中，文本框的默认宽度是 20 个字符。

value：指定文本框的默认值，是在浏览器第一次显示表单或者用户单击<input type="reset"/>按钮之后在文本框中显示的值。

maxlength：指定用户输入的最大字符长度。

readonly：只读属性，当设置 readonly 属性后，文本框可以获得焦点，但用户不能改变文本框中的值。

disabled：禁用，当文本框被禁用时，不能获得焦点，当然，用户也不能改变文本框的值。并且在提交表单时，浏览器不会将该文本框的值发送给服务器。

（2）密码框

密码框<input type="password"/>代码见代码 4-2，显示效果如图 4-3 所示。

代码 4-2

```
<input type="password" name="名称"/>
```

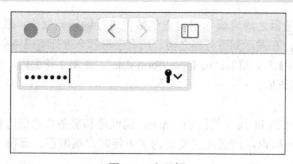

图 4-3　密码框

（3）单选按钮

使用方式：使用 name 名称相同的一组单选按钮，不同 radio 类型的 input 设定不同的 value 值，这样通过取指定 name 的值就可以知道谁被选中了，不用单独地判断。单选按钮的元素值由 value 属性显式设置，表单提交时，选中项的 value 和 name 被打包发送，不显式设置 value。代码见代码 4-3，单选按钮显示效果如图 4-4 所示。

代码 **4-3**

```
<input type="radio" name="gender" value="male" />
<input type="radio" name="gender" value="female"/>
```

图 4-4　单选按钮

（4）复选框

使用复选按钮组，即 name 相同的一组复选按钮，复选按钮表单元素的元素值由 value 属性显式设置，表单提交时，所有选中项的 value 和 name 被打包发送，显式设置 value。复选框的 checked 属性表示是否被选中，<input type="checkbox" checked />或者<input type="checkbox" checked="checked" />，其中推荐使用有属性值的写法，checked、readonly 等这种一个可选值的属性可以省略属性值。代码见代码 4-4，复选框实现效果如图 4-5 所示。

代码 **4-4**

```
<input type ="checkbox" name="language" value="Java"/>
<input type ="checkbox"  name="language" value="C"/>
<input type ="checkbox" name="language" value="C#"/>
```

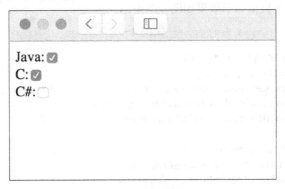

图 4-5　复选框

（5）隐藏域

隐藏域通常用于向服务器提交不需要显示给用户的信息。代码见代码 4-5，显示效果如图 4-6 所示。

代码 **4-5**

```
<input type="hidden" name="隐藏域"/>
```

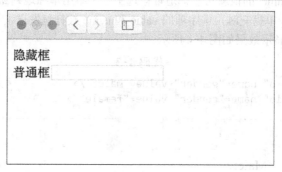

图 4-6　隐藏域

（6）文件上传<input type="file"/>

使用 file，则 form 表单的 enctype 类型必须设置为 multipart/form-data，method 属性为 POST。见代码 4-6。

代码 **4-6**

```
<input name="uploadedFile" id="uploadedFile" type="file" size="60" accept="text/*"/>
```

（7）下拉框<select>标签

<select>标记创建一个列表框，<option>标记创建一个列表项，<select>与嵌套的<option>一起使用，共同提供在一组选项中进行选择的方式。

将一个 option 设置为选中：<option selected>北京</option>或者<option selected="selected">北京</option>（推荐方式）就可以将这个选项设定为选择项。实现"不选择"的方法是：添加一个<option value="-1">--不选择--<option>，然后编程判断 select 选中的值，如果是-1 就认为是不选择。

select 分组选项可以使用 optgroup( )对数据进行分组，分组本身不会被选择，无论对于下拉列表还是列表框都适用。

<select>标记加上 multiple 属性，可以允许多选（按〈Ctrl〉键选择）。

代码见代码 4-7，下拉框显示效果如图 4-7 所示。

代码 **4-7**

```
<select name="country" size="10">
    <optgroup label="Africa">
        <option value="gam">Gambia</option>
        <option value="mad">Madagascar</option>
        <option value="nam">Namibia</option>
    </optgroup>
    <optgroup label="Europe">
        <option value="fra">France</option>
        <option value="rus">Russia</option>
        <option value="uk">UK</option>
    </optgroup>
    <optgroup label="North America">
        <option value="can">Canada</option>
        <option value="mex">Mexico</option>
```

```
        <option value="usa">USA</option>
    </optgroup>
</select>
```

（8）多行文本<textarea></textarea>

多行文本<textarea>创建一个可输入多行文本的文本框，<textarea>没有 value 属性，<textarea>文本</textarea>，cols="50"、rows="15"属性表示行数和列数，不指定则浏览器采取默认显示。代码见代码 4-8，多行文本显示效果如图 4-8 所示。

代码 **4-8**

```
<textarea name="textareaContent" rows="20" cols="50" >
多行文本框的初始显示内容
</textarea>
```

图 4-7　下拉框

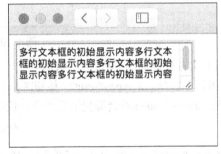

图 4-8　多行文本

（9）<fieldset></fieldset>标签

fieldset 标签将控件划分一个区域，看起来更规整。代码见代码 4-9，fieldset 标签显示效果如图 4-9 所示。

代码 **4-9**

```
<fieldset>
    <legend>爱好</legend>
    <input type="checkbox" value="篮球" />
    <input type="checkbox" value="爬山" />
    <input type="checkbox" value="阅读" />
</fieldset>
```

图 4-9　fieldset 标签

（10）提交按钮\<input type="submit"/\>

当用户单击\<input type="submit"/\>提交按钮时，表单数据会提交给\<form\>标签的 action 属性所指定的服务器处理程序。中文 IE 下默认按钮文本为"提交查询"，可以设置 value 属性修改按钮的显示文本。代码见代码 4-10，提交按钮显示效果如图 4-10 所示。

代码 4-10

```
<input type="submit" value="提交"/>
```

图 4-10　提交按钮

（11）重置按钮\<input type="reset"/\>

当用户单击\<input type="reset"/\>按钮时，表单中的值被重置为初始值。在用户提交表单时，重置按钮的 name 和 value 不会提交给服务器。代码见代码 4-11，重置按钮显示效果如图 4-11 所示。

代码 4-11

```
<input type="reset" value="重置按钮"/>
```

（12）普通按钮\<input type="button"/\>

普通按钮通常用于单击执行一段脚本代码。代码见代码 4-12，普通按钮显赫效果如图 4-12 所示。

代码 4-12

```
<input type="button" value="普通按钮"/>
```

图 4-11　重置按钮　　　　　　　图 4-12　普通按钮

（13）图像按钮\<input type="image"/\>

图像按钮的 src 属性指定图像源文件，它没有 value 属性。图像按钮可代替\<input type="submit"/\>，而现在也可以通过 CSS 直接将\<input type="submit"/\>按钮的外观设置为一幅图片。代码见代码 4-13，图像按钮显示效果如图 4-13 所示。

代码 **4-13**

```
<input type="image" src="bg.jpg" />
```

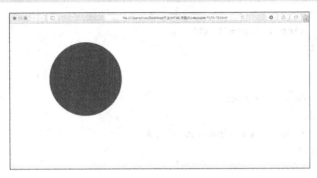

图 4-13　图像按钮

4.1.5　表单样例

下面提供一个收集信息的表单的样例。使用 form 控件打造个性化表单收集数据是十分方便的，form 的各类属性基本上可以提供常见的收集功能。样例见代码 4-14。

代码 **4-14**

```
<meta charset="utf-8">
<html>
<head>
    <title>注册页面</title>
    <style type="text/css">
        table
        {
            width: 450px;
            border: 1px solid red;
            background-color: #FFCB29;
            border-collapse: collapse;
        }
        td
        {
            width: 200;
            height: 40px;
            border: 1px solid black;
        }
        span
        {
            background-color: red;
        }
    </style>
</head>
<body style="background-color: #0096ff;">
    <form name="registerform" id="form1" action="" method="post">
```

```
<table align="center" cellspacing="0" cellpadding="0">
    <tr>
        <td>用户名： 31</td>
        <td>
            <input type="text" />
        </td>
    </tr>
    <tr>
        <td>密码：39</td>
        <td>
            <input type="password" />
        </td>
    </tr>
    <tr>
        <td>确认密码：47</td>
        <td>
            <input type="password" />
        </td>
    </tr>
    <tr>
        <td>请选择市：55</td>
        <td>
            <select>
                <optgroup label="中国">
                    <option>甘肃省</option>
                    <option>河南省</option>
                    <option>上海市</option>
                </optgroup>
                <optgroup label="American">
                    <option>California</option>
                    <option>Chicago</option>
                    <option>New York</option>
                </optgroup>
            </select>
        </td>
    </tr>
    <tr>
        <td>请选择性别：74</td>
        <td>
            <input type="radio" name="sex" id="male" value="0" checked=
"checked" /><label for="male">男</lable>
            <input type="radio" name="sex" id="female" value="1" /><label
for="female">女</label>
            <input type="radio" name="sex" id="secret" value="2" /><label
for="secret">保密</label>
        </td>
    </tr>
```

```
            <tr>
                <td>请选择职业：84</td>
                <td>
                    <input type="radio" id="student" name="profession" /><label for=
"student">学生</label>
                    <input type="radio" id="teacher" name="profession" /><label for=
"teacher">教师</label>
                    <input type="radio" id="others" name="profession" /><label for=
"others">其他</label>
                </td>
            </tr>
            <tr>
                <td>请选择爱好：94</td>
                <td>
                    <fieldset>
                        <legend>你的爱好</legend>
                        <input type="checkbox" name="hobby" id="basketball" checked=
"checked" /><label for="basketball">打篮球</label>
                        <input type="checkbox" name="hobby" id="run" /><label for=
"run">跑步</label>
                        <input type="checkbox" name="hobby" id="read" /><label for=
"read">阅读</label>
                        <input type="checkbox" name="hobby" id="surfing" /><label for=
"surfing">上网</label>
                    </fieldset>
                </td>
            </tr>
            <tr>
                <td>备注：108</td>
                <td>
                    <textarea cols="30">这里是备注内容</textarea>
                </td>
            </tr>
            <tr>
                <td>
                     
                </td>
                <td>
                    <input type="submit" value="提交" />
                    <input type="reset" value="重置" />
                </td>
            </tr>
        </table>
        </form>
    </body>
</html>
```

上述代码的显示效果如图 4-14 所示。

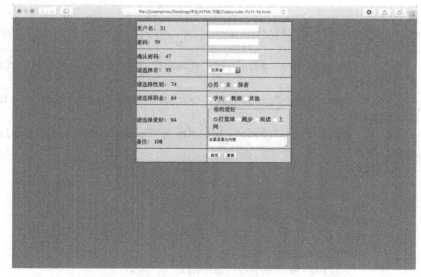

图 4-14　表单样例

4.2　媒体

媒体是另一种比较常见的控件，主要是音频和视频。

4.2.1　HTML 音频（Audio）

声音在 HTML 中可以以不同的方式播放。

（1）使用 <embed> 元素

<embed>标签定义外部（非 HTML）内容的容器（这是一个 HTML5 标签，在 HTML4 中是非法的，但是所有浏览器中都有效）。下面的代码片段能够显示嵌入网页中的 MP3 文件：

```
<embed height="50" width="100" src="music.mp3">
```

注意：
- <embed> 标签在 HTML4 中是无效的。页面无法通过 HTML4 验证。
- 不同的浏览器对音频格式的支持也不同。
- 如果浏览器不支持该文件格式，没有插件的话就无法播放该音频。
- 如果用户的计算机未安装插件，则无法播放音频。
- 如果把该文件转换为其他格式，仍然无法在所有浏览器中播放。

（2）使用 <object> 元素

<object> 标签也可以定义外部（非 HTML）内容的容器。下面的代码片段能够显示嵌入网页中的 MP3 文件：

```
<object height="50" width="100" data="music.mp3"></object>
```

注意：
- 不同的浏览器对音频格式的支持也不同。
- 如果浏览器不支持该文件格式，没有插件的话就无法播放该音频。

- 如果用户的计算机未安装插件，则无法播放音频。
- 如果把该文件转换为其他格式，仍然无法在所有浏览器中播放。

（3）使用<audio>元素

<audio> 元素是一个 HTML5 元素，在 HTML4 中是非法的，但在所有浏览器中都有效。以下将使用 <audio> 标签来描述 MP3 文件（Internet Explorer、Chrome 以及 Safari 中是有效的），同样添加了一个 OGG 类型文件（Firefox 和 Opera 浏览器中有效）.如果失败，它会显示一个错误文本信息。

```
<audio controls>
  <source src="music.mp3" type="audio/mpeg">
  <source src="music.ogg" type="audio/ogg">
  Your browser does not support this audio format.
</audio>
```

注意：

- <audio> 标签在 HTML4 中是无效的，无法通过 HTML4 验证。
- 必须把音频文件转换为不同的格式。
- <audio> 元素在老式浏览器中不起作用。

（4）最好的 HTML 音频解决方法

下面的例子使用了两个不同的音频格式。<audio>元素会尝试以 MP3 或 OGG 来播放音频。如果失败，代码将回退尝试 <embed> 元素。

```
<audio controls height="100" width="100">
  <source src="music.mp3" type="audio/mpeg">
  <source src="music.ogg" type="audio/ogg">
  <embed height="50" width="100" src="music.mp3">
</audio>
```

注意：

- 必须把音频转换为不同的格式。
- <embed> 元素无法回退来显示错误消息。

4.2.2　HTML 视频（Video）

视频在 HTML 中也有多种引入方式。

1. 使用 <embed> 标签

<embed> 标签的作用是在 HTML 页面中嵌入多媒体元素。下面的 HTML 代码显示嵌入网页的 Flash 视频：

```
<embed src="intro.swf" height="200" width="200">
```

注意：

- HTML4 无法识别 <embed> 标签，页面无法通过验证。
- 如果浏览器不支持 Flash，那么视频将无法播放。
- iPad 和 iPhone 不能显示 Flash 视频。
- 如果将视频转换为其他格式，那么它仍然不能在所有浏览器中播放。

2．使用 `<object>` 标签

`<object>` 标签的作用是在 HTML 页面中嵌入多媒体元素。下面的 HTML 片段显示嵌入网页的一段 Flash 视频：

```
<object data="intro.swf" height="200" width="200"></object>
```

注意：

● 如果浏览器不支持 Flash，将无法播放视频。

● iPad 和 iPhone 不能显示 Flash 视频。

● 如果将视频转换为其他格式，那么它仍然不能在所有浏览器中播放。

3．使用`<video>`元素

`<video>` 标签定义了一个视频或者影片。`<video>` 元素在所有现代浏览器中都支持。以下 HTML 片段会显示一段嵌入网页的OGG、MP4 或 WEBM 格式的视频：

```
<video width="320" height="240" controls>
  <source src="movie.mp4" type="video/mp4">
  <source src="movie.ogg" type="video/ogg">
  <source src="movie.webm" type="video/webm">
  您的浏览器不支持 video 标签。
</video>
```

注意：

● 必须把视频转换为很多不同的格式。

● `<video>` 元素在老式浏览器中无效。

4．最好的 HTML 视频解决方法

以下实例中使用了 4 种不同的视频格式。`<video>` 元素会尝试播放以 MP4、OGG 或 WEBM 格式中的一种来播放视频。如果均失败，则回退到`<embed>`元素。HTML5 + `<object>` + `<embed>` 实现如下：

```
<video width="320" height="240" controls>
  <source src="movie.mp4" type="video/mp4">
  <source src="movie.ogg" type="video/ogg">
  <source src="movie.webm" type="video/webm">
  <object data="movie.mp4" width="320" height="240">
    <embed src="movie.swf" width="320" height="240">
  </object>
</video>
```

注意：

● 必须把视频转换为很多不同的格式。

5．视频网站解决方案

在 HTML 中显示视频的最简单的方法是使用优酷、土豆、Youtube 等视频网站。如果希望在网页中播放视频，那么可以把视频上传到优酷等视频网站，然后在网页中插入 HTML 代码即可播放视频：

```
<embed src="http://player.youku.com/player.php/sid/XMzI2NTc4NTMy/v.swf"
width="480" height="400" type="application/x-shockwave-flash"> </embed>
```

6. 使用超链接

如果网页包含指向媒体文件的超链接，大多数浏览器会使用"辅助应用程序"来播放文件。以下代码片段显示指向 AVI 文件的链接。如果用户单击该链接，浏览器会启动"辅助应用程序"，比如启动 Windows Media Player 来播放这个 AVI 文件：

```
<a href="intro.swf">Play a video file</a>
```

4.3　表格

在 HTML 页面中，有一种非常常见的展示方式就是 HTML 表格。

4.3.1　表格简介

表格是由行和列组成的结构化数据集。在 HTML 中，表格是由<table>标签定义的，简单的 HTML 表格通常由一个 table 元素以及一个或者多个 tr、th 或者 td 元素组成，<tr>标签用来表示表格的行，<th>标签用来定义表格的表头，<td>标签用来表示表格的单元格，td 意为表格数据（table data）。数据单元格可以包含文本、图片、段落、列表、表单、水平线等元素，也可以在里面嵌套一个表格。以下是一个最简单的表格例子。

```
<table>
  <tr>
    <th>姓名</th>
    <th>签到</th>
  </tr>
  <tr>
    <td>小明</td>
    <td>未到</td>
  </tr>
</table>
```

除了以上提到的标签之外，还有如表 4-1 所示的标签元素可以使用。

表 4-1　HTML 表格常用标签表

标签名称	描述
<table>	定义表格
<caption>	定义表格的标题
<tr>	定义表格的行
<td>	定义表格的单元格
<thead>	定义表格的页眉
<tbody>	定义表格的主体
<tfoot>	定义表格的页脚
<col>	定义表格的列属性
<colgroup>	定义表格的组

HTML 表格是设计来表示表格数据的，但是有很多人习惯于用 HTML 表格来实现网页布局。在这里要指出一点，由于 table 对性能会造成影响且对之后页面的设计和扩展造成不便，原则上不推荐使用 HTML 表格来实现网页布局，CSS 是一个更普遍且更好的选择。

4.3.2 表格属性

<table>标签所具有的一些属性如表 4-2 所示，注意，如今一些属性已经不赞成继续使用，在表格中使用*标出。

表 4-2 HTML 表格常用属性

属性	值	描述
*align	left/center/right	不赞成使用。请使用 CSS 实现。规定了表格相对于周围元素的对齐方式
*bgcolor	rgb/HEX/colorname	不赞成使用。请使用 CSS 实现。规定了表格的背景颜色
border	pixels	规定表格边框的宽度
cellPadding	pixels/%	规定单元格边缘与内容之间的空白
cellSpacing	pixels/%	规定单元格之间的空白
frame	void/above/below/hsides/lhs/rhs/vsides/box/border	规定外侧边框的哪个部分是可见的
rules	none/groups/rows/cols/all	规定内侧边框的哪个部分是可见的
summary	text	规定表格的摘要
width	%/pixels	规定表格的宽度

思考题

1. 如何定义表单？
2. 表单有哪些常见属性？
3. HTML 视频和音频都可以使用哪些标签？
4. 什么是 Div+CSS，这种模式有什么好处？

第5章
客户端存储

HTML 页面允许通过浏览器的相关 API 将服务器端传来的数据保存在本地，以方便之后的访问与使用。客户端存储主要包含 Cookie、Web Storage API、离线 Web 应用等方式，本章将对 Cookie 和 Web Storage API 两种最常见的方式进行介绍。

客户端存储遵循"同源策略"，即不同网站的页面无法读取彼此的存储数据，而同一网站的不同页面的存储数据是互相共享的。

5.1 Cookie

Cookie 是服务器发送到用户浏览器并在本地保存的一些数据，通常来说，Cookie 被用于会话状态管理（如用户登录状态、购物车或其他需要记录的信息）、个性化设置（如用户自定义设置、网站语言、主题等）与浏览器行为跟踪（如用户行为分析等）三个方面。单条 Cookie 的大小限制是 4KB，常见的浏览器中，每个域名的 Cookie 总个数限制为 50 条。

一些浏览器（比如 Google Chrome）只支持对在线网站的 Cookie 进行读写操作，禁止对本地 HTML 的 Cookie 进行操作。

事实上，由于隐私问题、有限的存储空间、性能以及一些其他原因，Cookie 在数据存储方面被放弃使用。取而代之的是在现代浏览器发展过程中出现的新的数据存储方式：Web Storage API 和 IndexedDB，它们允许直接将数据保存到浏览器本地。当数据存储在非 Cookie 的存储中后，每次请求都会减少浏览器携带 Cookie 数据，会减少额外的性能开销（尤其是在移动环境下），极大地提升了浏览器访问体验。

Cookie 以键/值对的形式进行存储，当浏览器从服务器请求 Web 页面的时候，属于本页面的 Cookie 会被添加到该请求中，并将用户的信息传递给服务器端。所有主流浏览器均支持 Cookie 设置，如图 5-1 所示。

	🖥						📱					
	Chrome	Edge	Firefox	Internet Explorer	Opera	Safari	WebView Android	Chrome Android	Firefox for Android	Opera Android	Safari on iOS	Samsung Internet
Cookie	Yes	12	Yes	Yes	Yes	Yes	Yes	Yes	Yes	Yes	Yes	Yes

图 5-1　Cookie 兼容性

5.1.1　Cookie 的属性

Cookie 之所以能作为一种比较安全的发送到服务器端的数据，和它的一些属性是有密切关系的，因此有必要了解 Cookie 的各种属性以及它们的特性。

（1）name 属性

Cookie 的唯一标识，用于通过 name 进行 Cookie 对应值的查看。

（2）value 属性

value 属性是 Cookie name 对应的值，主要用于记录一些用户的凭证及配置信息。

（3）Expires 属性

Expires 属性指定了 Cookie 的生存期，Cookie 的生命周期可以通过两种方式定义：

1）会话期 Cookie 是最简单的 Cookie：浏览器关闭之后它会被自动删除，也就是说它仅在会话期内有效。会话期 Cookie 不需要指定过期时间（Expires）或者有效期（Max-Age）；需要注意的是，有些浏览器提供了会话恢复功能，这种情况下即使关闭了浏览器，会话期 Cookie 也会被保留下来，就好像浏览器从来没有关闭一样，这会导致 Cookie 的生命周期无限期延长。

2）持久性 Cookie 的生命周期取决于过期时间（Expires）或有效期（Max-Age）指定的一段时间。如果 Max-Age 属性为正数，则表示该 Cookie 会在 Max-Age 秒之后自动失效。浏览器会将 Max-Age 为正数的 Cookie 持久化，即写到对应的 Cookie 文件中。无论客户关闭了浏览器还是计算机，只要还在 Max-Age 秒之前，访问该网站时该 Cookie 仍然有效。如果 Max-Age 取一个负数，表示该 Cookie 过期，发送请求时将不带该 Cookie。

（4）Domain 属性

Domain 属性和 Path 属性一起定义了 Cookie 的作用域，即允许 Cookie 可以往哪些 URL 发送。

Domain 属性指定了哪些主机可以接受 Cookie。如果不指定，默认为 origin，不包含子域名。如果指定了 Domain，则一般包含子域名。因此，指定 Domain 比省略它的限制要少。但当子域需要共享有关用户的信息时，这可能会有所帮助。

例如，如果设置 Domain=baidu.com，则 Cookie 也包含在子域名中（如 www.baidu.com）。

（5）Path 属性

Path 属性指定了主机下的哪些路径可以接受 Cookie（该 URL 路径必须存在于请求 URL 中）。以字符"/"作为路径分隔符，子路径也会被匹配。在默认的情况下 Cookie 的 Path 路径为 Cookie 被创建时的网页的路径，该网页处于同一目录下的网页以及与这个网页所在目录下的子目录下的网页相关联。

例如，设置 Path=/docs，则以下地址都会匹配：

```
/docs
/docs/Web/
/docs/Web/HTTP
```

（6）Secure 属性

Cookie 的 Secure 属性只应通过被 HTTPS 协议加密过的请求发送给服务器端，因此可以预防 man-in-the-middle 攻击者的攻击。但即便设置了 Secure 标记，敏感信息也不应该通过 Cookie 传输，因为 Cookie 有其固有的不安全性，Secure 标记也无法提供确实的安全保障，例如，可以访问客户端硬盘的人员可以读取它。它是一个布尔值，true 表示只能使用 HTTPS 发送该 Cookie，false 表示可以使用 HTTP 发送该 Cookie。

（7）HttpOnly 属性

HttpOnly 属性限制了 Cookie 对 HTTP 请求的作用范围。特别的，该属性指示用户代理忽略那些通过"非 HTTP"方式对 Cookie 的访问（比如浏览器暴露给 JS 的接口）。注意 HttpOnly 属性和 Secure 属性相互独立：一个 Cookie 既可以是 HttpOnly 的，也可以有 Secure 属性。JavaScript Document.cookie API 无法访问带有 HttpOnly 属性的 Cookie；此类 Cookie 仅作用于服务器。例如，持久化服务器端会话的 Cookie 不需要对 JavaScript 可用，而应具有 HttpOnly 属性。此预防措施有助于缓解跨网站脚本（XSS（en-US））攻击。

浏览器对上述 Cookie 属性的兼容性如图 5-2 所示。

	Chrome	Edge	Firefox	Internet Explorer	Opera	Safari	WebView Android	Chrome Android	Firefox for Android	Opera Android	Safari on iOS	Samsung Internet
Set-Cookie	Yes	12	Yes	Yes	Yes	Yes	Yes	Yes	Yes	Yes	Yes	Yes
HttpOnly	1	12	3	9	11	5	37	Yes	4	Yes	4	Yes
Max-Age	Yes	12	Yes	8	Yes	Yes	Yes	Yes	Yes	Yes	Yes	Yes
SameSite	51	16	60	No	39	13 ★	51	51	60	41	13	5.0
SameSite=Lax	51	16	60	No	39	12	51	51	60	41	12.2	5.0
Defaults to Lax	80	86	69	No	71	No	80	80	79	60	No	13.0
SameSite=None	51	16	60	No	39	13 ★	51	51	60	41	13	5.0
SameSite=Strict	51	16	60	No	39	12	51	51	60	41	12.2	5.0
URL scheme-aware ("schemeful")	89	86	79	No	72	No	No	89	79	No	No	15.0
Secure context required	80	86	69	No	71	No	80	80	79	60	No	13.0
Cookie prefixes	49	79	50	No	36	Yes	49	49	50	36	Yes	5.0

图 5-2　Cookie 属性兼容性

5.1.2　Cookie 的设置

当服务器收到 HTTP 认证请求时，服务器可以根据认证结果在响应头里面添加一个 Set-Cookie 属性来返回 Cookie 信息。浏览器收到响应后通常会保存下 Cookie，之后对该服务器的每一次请求中都在 Cookie 请求头部将 Cookie 信息发送给服务器。另外，Cookie 的过期时间、域、路径、有效期、适用网站等都可以根据需要来指定。

服务器使用 Set-Cookie 响应头部属性向客户端（一般是浏览器）发送 Cookie 信息。

```
Set-Cookie: <cookie-name>=<cookie-value>
Set-Cookie: <cookie-name>=<cookie-value>; Expires=<date>
Set-Cookie: <cookie-name>=<cookie-value>; Max-Age=<non-zero-digit>
Set-Cookie: <cookie-name>=<cookie-value>; Domain=<domain-value>
Set-Cookie: <cookie-name>=<cookie-value>; Path=<path-value>
```

```
Set-Cookie: <cookie-name>=<cookie-value>; Secure
Set-Cookie: <cookie-name>=<cookie-value>; HttpOnly

Set-Cookie: <cookie-name>=<cookie-value>; SameSite=Strict
Set-Cookie: <cookie-name>=<cookie-value>; SameSite=Lax

// Multiple directives are also possible, for example:
Set-Cookie: <cookie-name>=<cookie-value>; Domain=<domain-value>; Secure; HttpOnly
```

<cookie-name>=<cookie-value>指令，一个 Cookie 开始于一个名称/值对：<cookie-name> 可以是除了控制字符（CTLs）、空格（spaces）或制表符（tab）之外的任何 US-ASCII 字符。同时不能包含以下分隔字符：( ) < > @ , ; : \ " / [ ] ? = { }。<cookie-value> 是可选的，如果存在的话，那么需要包含在双引号里面。支持除了控制字符（CTLs）、空白符（whitespace）、双引号（double quotes）、逗号（comma）、分号（semicolon）以及反斜线（backslash）之外的任意 US-ASCII 字符。关于编码：许多应用会对 Cookie 值按照 URL 编码（URL Encoding）规则进行编码，但是按照 RFC 规范，这不是必需的。不过满足规范中对于 <cookie-value> 所允许许使用的字符的要求是有用的。

1）__Secure-前缀：以 __Secure-为前缀的 Cookie（其中连接符是前缀的一部分），必须与 Secure 属性一同设置，同时必须应用于安全页面（即使用 HTTPS 访问的页面）。

2）__Host- 前缀：以__Host- 为前缀的 Cookie，必须与 Secure 属性一同设置，必须应用于安全页面（即使用 HTTPS 访问的页面），必须不能设置 Domain 属性 （也就不会发送给子域），同时 Path 属性的值必须为 "/"。

Expires=<date>指令，为可选。Cookie 的最长有效时间，形式为符合 HTTP-date 规范的时间戳。参考 date 可以获取详细信息。如果没有设置这个属性，那么表示这是一个会话期 Cookie。一个会话结束于客户端被关闭时，这意味着会话期 Cookie 在彼时会被移除。然而，很多 Web 浏览器支持会话恢复功能，这个功能可以使浏览器保留所有的 tab 标签，然后在重新打开浏览器的时候将其还原。与此同时，Cookie 也会恢复，就跟从来没有关闭浏览器一样。

Max-Age=<non-zero-digit> 指令，为可选。在 Cookie 失效之前需要经过的秒数。秒数为 0 或-1 将会使 Cookie 直接过期。一些老的浏览器（IE6、IE7 和 IE8）不支持这个属性。对于其他浏览器来说，假如二者（指 Expires 和 Max-Age）均存在，那么 Max-Age 的优先级更高。

Domain=<domain-value>指令，为可选。指定 Cookie 可以送达的主机名。假如没有指定，那么默认值为当前文档访问地址中的主机部分（但是不包含子域名）。与之前的规范不同的是，域名之前的点号会被忽略。假如指定了域名，那么相当于各个子域名也包含在内了。

Path=<path-value>指令，为可选。指定一个 URL 路径，这个路径必须出现在要请求的资源的路径中才可以发送 Cookie 头部。字符 %x2F ("/") 可以解释为文件目录分隔符，此目录的下级目录也满足匹配的条件（例如，如果 Path=/docs，那么"/docs"、"/docs/Web/"或者"/docs/Web/HTTP" 都满足匹配的条件）。

Secure 指令，为可选。一个带有安全属性的 Cookie 只有在请求使用 SSL 和 HTTPS 协议的时候才会被发送到服务器。然而，保密或敏感信息永远不要在 HTTP Cookie 中存储或传输，因为整个机制从本质上来说都是不安全的，比如前述协议并不意味着所有的信息都是经过加密的。

HttpOnly 指令，为可选。设置了 HttpOnly 属性的 Cookie 不能使用 JavaScript 经由 Document.cookie 属性、XMLHttpRequest 和 RequestAPIs 进行访问，以防范跨站脚本攻击（XSS）。

SameSite=Strict/Lax 指令，为可选。允许服务器设定一则 Cookie 不随着跨域请求一起发送，这样可以在一定程度上防范跨站请求伪造攻击（CSRF）。

服务器通过该头部告知客户端要保存的 Cookie 信息。

```
HTTP/1.0 200 OK
Content-type: text/html
Set-Cookie: username=zhangsan
Set-Cookie: lang=cn
```

对该服务器发起的每一次新请求，浏览器都会将之前保存的 Cookie 信息通过 HTTP 请求头部 Cookie 属性再发送给服务器。

```
GET /demo.html HTTP/1.1
Host: www.demo.cn
Cookie: username=zhangsan; lang=cn
```

5.1.3　JavaScript 操作 Cookie

JavaScript 可以使用 document.cookie 属性来操作 Cookie。

创建 Cookie 的方法如下：

```
document.cookie = "userid=100000"
```

可以结合 Date()对象为 Cookie 添加一个过期时间 Expires，在默认的情况下，Cookie 会在浏览器关闭的时候删除：

```
document.cookie = "userid=100000;expires=Sun, 17 Apr 2077,
11:49:10 GMT"
```

可以使用 Path 参数为 Cookie 添加一个路径，在默认的情况下，Cookie 会属于当前页面：

```
document.cookie = "userid=100000;path="./" "
```

JavaScript 读取 Cookie 的方法比较简单，如下面的代码所示：

```
var x = document.cookie;
```

返回值是字符串类型的所有 Cookie，类型格式如下：

```
cookie1=value1;cookie2=value2;cookie3=value3;
```

修改 Cookie 与创建 Cookie 的方法相同，旧的 Cookie 会被直接覆盖。若想删除 Cookie，则将 Cookie 的过期时间 Expires 参数设置为之前的时间即可，代码如下：

```
document.cookie = "userid=; expires=Thu, 01 Jan 1970 00:00:00 GMT";
```

5.1.4　Cookie 的使用示例

一般在浏览器中会设置 Cookie，这里将列举一些常用的 Cookie 设置示例。

（1）设置 Cookie

分别设置两个 Cookie，Cookie 的 name 分别为 name 和 language，然后获取到这两个 Cookie。

```
document.cookie = "name=oeschger";
document.cookie = "language=zh-CN";
alert(document.cookie);
```

```
// 显示: name=oeschger; language= zh-CN
```

（2）获取 Cookie

设置两个 Cookie 后，获取到名为 test2 的 Cookie 值。

```
document.cookie = "test1=Hello";
document.cookie = "test2=World";

var myCookie = document.cookie.replace(/(?:(?:^|.*;\s*)test2\s*\=\s*([^;]*).*$)|^.*$/,
"$1");

alert(myCookie);
// 显示: World
```

（3）实现一个支持 Unicode 的 Cookie 读取/写入的方法

通过定义一个和 Storage 对象部分一致的对象（docCookies），简化 document.cookie 的获取方法。它提供完全的 Unicode 支持。如代码 5-1 所示。

代码 5-1

```
var docCookies = {
  getItem: function (sKey) {
    return decodeURIComponent(document.cookie.replace(new RegExp("(?:(?:^|.*;)\\s*" +
encodeURIComponent(sKey).replace(/[-.+*]/g, "\\$&") + "\\s*\\=\\s*([^;]*).*$)|^.*$"),
"$1")) || null;
  },
  setItem: function (sKey, sValue, vEnd, sPath, sDomain, bSecure) {
    if (!sKey || /^(?:expires|max\-age|path|domain|secure)$/i.test(sKey)) { return
false; }
    var sExpires = "";
    if (vEnd) {
      switch (vEnd.constructor) {
        case Number:
          sExpires = vEnd === Infinity ? "; expires=Fri, 31 Dec 9999 23:59:59
GMT" : "; max-age=" + vEnd;
          break;
        case String:
          sExpires = "; expires=" + vEnd;
          break;
        case Date:
          sExpires = "; expires=" + vEnd.toUTCString();
          break;
      }
    }
    document.cookie = encodeURIComponent(sKey) + "=" + encodeURIComponent(sValue)
+ sExpires + (sDomain ? "; domain=" + sDomain : "") + (sPath ? "; path=" + sPath : "")
+ (bSecure ? "; secure" : "");
    return true;
  },
  removeItem: function (sKey, sPath, sDomain) {
    if (!sKey || !this.hasItem(sKey)) { return false; }
    document.cookie = encodeURIComponent(sKey) + "=; expires=Thu, 01 Jan 1970
00:00:00 GMT" + ( sDomain ? "; domain=" + sDomain : "") + ( sPath ? "; path=" +
sPath : "");
```

```
        return true;
    },
    hasItem: function (sKey) {
        return (new RegExp("(?:^|;\\s*)" + encodeURIComponent(sKey).replace(/[-.+*]/g,
"\\$&") + "\\s*\\=")).test(document.cookie);
    },
    keys: function () {
        var aKeys = document.cookie.replace(/((?:^|\s*;)[^\=]+)(?=;|$)|^\s*|\s*(?:\=
[^;]*)?(?:\1|$)/g, "").split(/\s*(?:\=[^;]*)?;\s*/);
        for (var nIdx = 0; nIdx < aKeys.length; nIdx++) {
            aKeys[nIdx] = decodeURIComponent(aKeys[nIdx]);
        }
        return aKeys;
    }
};
```

其中写入 Cookie 为创建或覆盖一个 Cookie，其方法为 docCookies.setItem(name, value[, end[, path[, domain[, secure]]]])。

获取 Cookie 读取一个 Cookie，如果 Cookie 不存在返回 null，其方法为 docCookies.getItem(name)。

移除 Cookie 为删除 Cookie，其方法为 docCookies.removeItem(name[, path],domain)。

检查 Cookie 是否存在，其方法为 docCookies.hasItem(name)。

获取所有 Cookie 列表，其方法为 docCookies.keys()。

5.2 localStorage

HTML5 的 Web Storage API 提供了两种比 Cookie 更方便存储键/值对的机制，它们分别是 localStorage 与 sessionStorage。接下来将会对二者分别进行介绍。

5.2.1 localStorage 概念

localStorage 用于长久保存一个网站里的数据，保存的数据不会过期，除非你手动去删除或者清空浏览器数据。只读的 localStorage 属性允许你访问一个 Document 源（origin）的对象 Storage。其中 localStorage 的兼容性如图 5-3 所示。

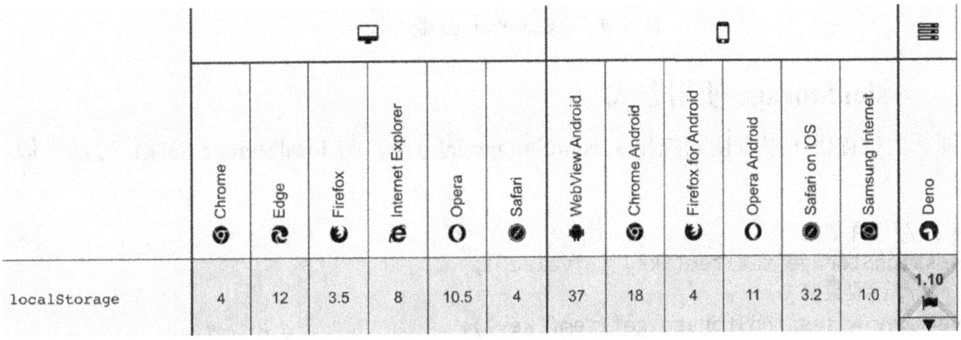

	Chrome	Edge	Firefox	Internet Explorer	Opera	Safari	WebView Android	Chrome Android	Firefox for Android	Opera Android	Safari on iOS	Samsung Internet	Deno
localStorage	4	12	3.5	8	10.5	4	37	18	4	11	3.2	1.0	1.10

图 5-3 localStorage 兼容性

localStorage 解决了 Cookie 存储空间不足的问题，从 4KB 的大小扩展到了 5MB。

此外，localStorage 还有一个特点，它只支持 string 类型的存储，因此使用 JavaScript 对 localStorage 进行存取操作的时候，还需要注意对数据的类型进行相应的转换。

5.2.2 localStorage 使用方式

浏览器提供了很方便的操作 localStorage 的方法，语法如下：

```
    //保存数据
localStorage.setItem("key", "value");
    //读取数据
var key = localStorage.getItem("key");
    //删除特定数据
localStorage.removeItem("key");
    //删除所有数据
localStorage.clear();
```

5.3 sessionStorage

和 localStorage 一样，sessionStorage 是另一种存储键/值对的机制。

5.3.1 sessionStorage 概念

sessionStorage 是 Web Storage API 提供的第二种数据存储机制，经常用于临时保存某一窗口或标签页的数据。它与 localStorage 的唯一区别是 localStorage 属于永久性的存储，而 sessionStorage 会在会话结束的时候清空相应的键/值对。sessionStorage 属性允许你访问一个，对应当前源的 session Storage 对象。其中 sessionStorage 的兼容性如图 5-4 所示。

	Chrome	Edge	Firefox	Internet Explorer	Opera	Safari	WebView Android	Chrome Android	Firefox for Android	Opera Android	Safari on iOS	Samsung Internet	Deno
sessionStorage	5	12	2	8	10.5	4	37	18	4	11	3.2	1.0	1.10

图 5-4　sessionStorage 兼容性

5.3.2 sessionStorage 使用方式

浏览器也提供了很方便的操作 sessionStorage 的方法，与 localStorage 的操作方法类似，语法如下：

```
    //保存数据
sessionStorage.setItem("key", "value");
    //读取数据
var key = sessionStorage.getItem("key");
    //删除特定数据
sessionStorage.removeItem("key");
    //删除所有数据
sessionStorage.clear();
```

下面的示例会自动保存一个文本输入框的内容，如果浏览器因偶然因素被刷新了，文本输入框里面的内容会被恢复，因此写入的内容不会丢失。

```javascript
// 获取文本输入框
let field = document.getElementById("field");

// 检测是否存在 autosave 键值
// (这个会在页面偶然被刷新的情况下存在)
if (sessionStorage.getItem("autosave")) {
 // 恢复文本输入框的内容
  field.value = sessionStorage.getItem("autosave");
}

// 监听文本输入框的 change 事件
field.addEventListener("change", function() {
  // 保存结果到 sessionStorage 对象中
  sessionStorage.setItem("autosave", field.value);
});
```

5.4　localStorage 与 sessionStorage 的区别与联系

为了正确地对 localStorage 和 sessionStorage 进行使用，下面对它们进行比较。

（1）区别

生命周期不同：localStorage 存储的数据始终有效，一般用于数据持久化存储；sessionStorage 在关闭页面或者浏览器后自动消失。

作用域不同：localStorage 在所有同源窗口中共享；sessionStorage 不在不同浏览器窗口间共享，即使是同一个页面。

（2）联系

sessionStorage 与 localStorage 仅在本地保存，不会自动将数据发送给服务器，有效节省了网络流量。

sessionStorage 与 localStorage 的存储大小一般皆为 5MB。

sessionStorage 与 localStorage 都保存在浏览器端，且遵循同源策略。

sessionStorage 与 localStorage 的存储对象皆为字符串类型的键/值对。

思考题

1．使用 Web Storage API 有什么好处？
2．在有 Web Storage API 的情况下，还需要 Cookie 吗？
3．为什么要遵循同源策略？

第6章
HTML 样例

本章分析两个实例来进一步说明 HTML 搭建网站时的使用方法。

6.1 网页前端简历

下面使用 HTML 实现一个简单的个人简历静态页面。

6.1.1 HTML 代码

接下来建立一个简历模板，通过逐步分析下面的 HTML 源码来学习规范的 HTML 编码过程。见代码 6-1。

代码 6-1

```
<!DOCTYPE html>
<html lang="en">
<head>
<meta charset="UTF-8">
<meta http-equiv="X-UA-Compatible" content="IE=edge">
<meta name="viewport" content="width=device-width, initial-scale=1">
<title>Portfolio</title>

<!-- Bootstrap -->
<link rel="stylesheet" href="../../../../代码/css/bootstrap.css">

<!-- HTML5 shim and Respond.js for IE8 support of HTML5 elements and media queries -->
<!-- WARNING: Respond.js doesn't work if you view the page via file:// -->
<!--[if lt IE 9]>
    <script
src="https://oss.maxcdn.com/html5shiv/3.7.2/html5shiv.min.js"></script>
    <script src="https://oss.maxcdn.com/respond/1.4.2/respond.min.js"></script>
    <![endif]-->
</head>
<body>

  <div class="container">
    <hr>
    <div class="row">
      <div class="col-xs-6">
```

```
        <h1>John Doe</h1>
      </div>
      <div class="col-xs-6">
        <p class="text-right"><a href="">Download my Resume <span class="glyphi-
con glyphicon-download-alt" aria-hidden="true"></span></a></p>
      </div>
    </div>
    <hr>
    <div class="row">
      <div class="col-xs-7">
        <div class="media">
          <div class="media-left"> <a href="#"> <img class="media-object img-
rounded" src="../../../../代码/images/115X115.gif" alt="..."> </a> </div>
          <div class="media-body">
            <h2 class="media-heading">Web Developer</h2>
            Lorem ipsum dolor sit amet, consectetur adipisicing elit. Aliquam,
neque, in, accusamus optio architecto debitis dolor animi placeat ut ab corporis
laboriosam itaque. Nobis, sapiente quo dolorum ut quod possimus doloremque suscipit
ad doloribus quam dolor </div>
        </div>
      </div>
      <div class="col-xs-5 well">
        <div class="row">
          <div class="col-lg-6">
            <h4><span class="glyphicon glyphicon-phone" aria-hidden="true"></span> :
123-456-7890</h4>
          </div>
          <div class="col-lg-6">
            <h4><span class="glyphicon glyphicon-envelope" aria-hidden="true"></span> :
john@example.com</h4>
          </div>
        </div>
        <div class="row">
          <div class="col-lg-6">
            <h4><span class="glyphicon glyphicon-map-marker" aria-hidden="true"></span> :
San Francisco, CA</h4>
          </div>
          <div class="col-lg-6">
            <h4><span class="glyphicon glyphicon-phone" aria-hidden="true"></span> : 123-
456-7890</h4>
          </div>
        </div>
      </div>
    </div>
    <hr>
    <div class="row">
      <div class="col-sm-8 col-lg-7">
        <h2>Education</h2>
        <hr>
        <div class="row">
          <div class="col-xs-6"><h4>College of Web Design</h4></div>
          <div class="col-xs-6">
            <h4 class="text-right"><span class="glyphicon glyphicon-calendar"
```

57

```
aria-hidden="true"></span> Jan 2002 - Dec 2006</h4>
        </div>
    </div>
    <h4><span class="label label-default">Bachelors</span></h4>
    <p>Lorem ipsum dolor sit amet, consectetur adipisicing elit. Sint,
recusandae, corporis, tempore nam fugit deleniti sequi excepturi quod repellat
laboriosam soluta laudantium amet dicta non ratione distinctio nihil dignissimos
esse!</p>
    <div class="row">
        <div class="col-xs-6">
            <h4>University of Web Design</h4>
        </div>
        <div class="col-xs-6">
            <h4 class="text-right"><span class="glyphicon glyphicon-calendar"
aria-hidden="true"></span> Jan 2006 - Dec 2008</h4>
        </div>
    </div>
    <h4><span class="label label-default">Masters</span></h4>
    <p>Lorem ipsum dolor sit amet, consectetur adipisicing elit. Sint,
recusandae, corporis, tempore nam fugit deleniti sequi excepturi quod repellat
laboriosam soluta laudantium amet dicta non ratione distinctio nihil dignissimos
esse!</p>
</div>
    <div class="col-sm-4 col-lg-5">
    <h2>Skill Set</h2>
    <hr>
    <!-- Green Progress Bar -->
    <div class="progress">
        <div class="progress-bar progress-bar-success" role="progressbar" aria-
valuenow="85" aria-valuemin="0" aria-valuemax="100" style="width: 85%"> HTML</div>
    </div>
    <!-- Blue Progress Bar -->
    <div class="progress">
        <div class="progress-bar progress-bar-success" role="progressbar" aria-
valuenow="80" aria-valuemin="0" aria-valuemax="100" style="width: 80%"> CSS</div>
    </div>
    <!-- Yellow Progress Bar -->
    <div class="progress">
        <div class="progress-bar progress-bar-success" role="progressbar" aria-
valuenow="70" aria-valuemin="0" aria-valuemax="100" style="width: 70%"> JAVASCRIPT</div>
    </div>
    <!-- Red Progress Bar -->
    <div class="progress">
        <div class="progress-bar progress-bar-info" role="progressbar" aria-
valuenow="60" aria-valuemin="0" aria-valuemax="100" style="width: 60%"> PHP</div>
    </div>
    <div class="progress">
        <div class="progress-bar progress-bar-warning" role="progressbar" aria-
valuenow="55" aria-valuemin="0" aria-valuemax="100" style="width: 55%"> WORDPRESS</div>
    </div>
    <div class="progress">
        <div class="progress-bar progress-bar-danger" role="progressbar" aria-
valuenow="50" aria-valuemin="0" aria-valuemax="100" style="width: 50%"> PHOTOSHOP</div>
```

```
        </div>
        <div class="progress">
            <div class="progress-bar progress-bar-danger" role="progressbar" aria-
valuenow="50" aria-valuemin="0" aria-valuemax="100" style="width: 50%"> ILLUSTRATOR</div>
        </div>
    </div>
    </div>
    <hr>
    <h2>Work Experience</h2>
<hr>
    <div class="row">
      <div class="col-lg-6">
        <div class="row">
            <div class="col-xs-5">
              <h4>ABC Corp.</h4>
            </div>
    <div class="col-xs-5">
            <h4 class="text-right"><span class="glyphicon glyphicon-calendar" aria-
hidden="true"></span> Jan 2002 - Dec 2006</h4>
        </div>
        </div>
        <h4><span class="label label-default">Web Developer</span></h4>
        <p>Lorem ipsum dolor sit amet, consectetur adipisicing elit. Sint,
recusandae, corporis, tempore nam fugit deleniti sequi excepturi quod repellat
laboriosam soluta laudantium amet dicta non ratione distinctio nihil dignissimos
esse!</p>
        <ul>
            <li>Lorem ipsum dolor sit amet.</li>
            <li>Lorem ipsum dolor sit amet, consectetur.</li>
            <li>Lorem ipsum dolor sit amet, consectetur adipisicing.</li>
        </ul>
      </div>
      <div class="col-lg-6">
        <div class="row">
            <div class="col-xs-5">
              <h4>XYZ Corp.</h4>
            </div>
            <div class="col-xs-6">
            <h4 class="text-right"><span class="glyphicon glyphicon-calendar" aria-
hidden="true"></span> Jan 2002 - Dec 2006</h4>
        </div>
        </div>
        <h4><span class="label label-default">Senior Web Developer</span></h4>
        <p>Lorem ipsum dolor sit amet, consectetur adipisicing elit. Sint,
recusandae, corporis, tempore nam fugit deleniti sequi excepturi quod repellat
laboriosam soluta laudantium amet dicta non ratione distinctio nihil dignissimos
esse!</p>
        <ul>
            <li>Lorem ipsum dolor sit amet.</li>
            <li>Lorem ipsum dolor sit amet, consectetur.</li>
            <li>Lorem ipsum dolor sit amet, consectetur adipisicing.</li>
        </ul>
      </div>
```

```
        </div>
        <hr>
        <h2>Portfolio</h2>
        <hr>
        <div class="container">
          <div class="row">
            <div  class="col-lg-4   col-sm-6   col-xs-6"><img   src="..//..//..// 代 码
/images/300X200.gif" alt=""><hr class="hidden-lg"></div>
            <div  class="col-lg-4   col-sm-6   col-xs-6"><img   src="..//..//..// 代 码
/images/300X200.gif" alt=""><hr class="hidden-lg"></div>
            <div  class="col-lg-4   col-sm-6   col-xs-6"><img   src="..//..//..// 代 码
/images/300X200.gif" alt=""></div>
            <div class="col-lg-4 col-sm-6 col-xs-6 hidden-lg"><img src="..//..//..//
代码/images/300X200.gif" alt=""></div>
          </div>
          <hr>
          <div class="row">
            <div  class="col-lg-4   col-sm-6   col-xs-6"><img   src="..//..//..// 代 码
/images/300X200.gif" alt=""><hr class="hidden-lg"></div>
            <div  class="col-lg-4   col-sm-6   col-xs-6"><img   src="..//..//..// 代 码
/images/300X200.gif" alt=""><hr class="hidden-lg"></div>
            <div  class="col-lg-4   col-sm-6   col-xs-6"><img   src="..//..//..// 代 码
/images/300X200.gif" alt=""></div>
            <div class="col-lg-4 col-sm-6 col-xs-6 hidden-lg"><img src="..//..//..//
代码/images/300X200.gif" alt=""></div>
          </div>
        </div>
        <hr>
        <h2>Contact</h2>
        <hr>
      </div>
      <div class="container">
      <div class="row">
        <div class="col-lg-offset-3 col-xs-12 col-lg-6">
          <div class="jumbotron">
            <div class="row text-center">
              <div class="text-center col-xs-12 col-sm-12 col-md-12 col-lg-12"> </div>
              <div class="text-center col-lg-12">
                <!-- CONTACT FORM https://github.com/jonmbake/bootstrap3-contact-form -->
                <form role="form" id="feedbackForm" class="text-center">
                  <div class="form-group">
                    <label for="name">Name</label>
                    <input type="text" class="form-control" id="name" name="name" pla-
ceholder="Name">
                    <span class="help-block" style="display: none;">Please enter your
name.</span></div>
                  <div class="form-group">
                    <label for="email">E-Mail</label>
                    <input type="email" class="form-control" id="email" name="email"
placeholder="Email Address">
                    <span class="help-block" style="display: none;">Please enter a
valid e-mail address.</span></div>
                  <div class="form-group">
```

```
                <label for="message">Message</label>
                <textarea rows="10" cols="100" class="form-control" id="message"
name="message" placeholder="Message"></textarea>
                <span class="help-block" style="display: none;">Please enter a
message.</span></div>
              <span class="help-block" style="display: none;">Please enter a the
security code.</span>
                <button type="submit" id="feedbackSubmit" class="btn btn-primary
btn-lg" style=" margin-top: 10px;"> Send</button>
            </form>
            <!-- END CONTACT FORM -->
          </div>
        </div>
      </div>
    </div>
  </div>
  <hr>
  <footer class="text-center">
    <div class="container">
      <div class="row">
        <div class="col-xs-12">
          <p>Copyright © MyWebsite. All rights reserved.</p>
        </div>
      </div>
    </div>
  </footer>
  <!-- jQuery (necessary for Bootstrap's JavaScript plugins) -->
  <script src="../../../../代码/js/jquery-1.11.3.min.js"></script>
  <!-- Include all compiled plugins (below), or include individual files as needed
-->
  <script src="../../../../代码/js/bootstrap.js"></script>
  </body>
  </html>
```

6.1.2　代码说明

通过折叠代码，可以发现其实网站的整体架构很简单，一些 head 信息，两个 container，一个 footer 和一些 script 引用。如图 6-1 所示。

图 6-1　网站代码结构

首先看到<head>标签部分，里面规定了许多 meta 属性，例如 charset 表示当前使用的文字编码，一般设置成 UTF-8 可以适应各类平台。

```
<head>
<meta charset="utf-8">
```

我们可以发现很多类似下面这样的 class，这些都是 bootstrap 定义好的 CSS 类，可以适应各类界面，而且其实现是十分精美高效的。所以在开发中尽可能地多用这类"标准"控件。

```
<div class="col-xs-6">
```

6.1.3　界面

网站显示结果如图 6-2 所示。

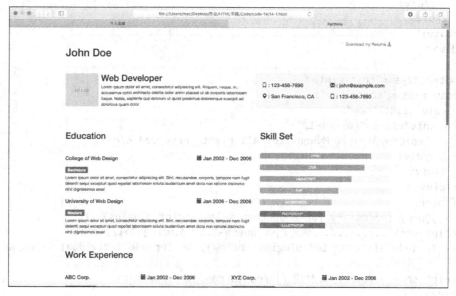

图 6-2　网站页面效果

6.2　个人博客

下面使用 HTML 生成个人博客页面，主要有展示博客首页和关于页面。

6.2.1　HTML 代码

使用 HTML 简单实现一个个人博客页面，包括实现博客首页和关于页面。具体见代码 6-2 的 index.html 页面和代码 6-3 的 about.html 页面。

代码 6-2

```
<!DOCTYPE html>
<html>
  <head>
    <title>Sapper Blog Template</title>
    <meta http-equiv="Content-Type" content="text/html; charset=UTF-8">
    <meta content="width=device-width,initial-scale=1" name="viewport">
    <meta content="#333333" name="theme-color">
```

```
    <base href=".">
    <link href="./src/global.css" rel="stylesheet">
    <link href="./src/main.css" rel="stylesheet">
  </head>
  <body>
    <div id="sapper">
      <div class="layout svelte-v25qrq">
        <header class="svelte-y9ah38">
          <a href="#">
            <img alt="Sapper" class="svelte-nsstmh" src="./src/logo-192.png">
          </a>
          <nav class="svelte-16fnwww">
            <a href="index.html" class="selected svelte-16fnwww">home</a>
            <a href="about.html" class="svelte-16fnwww">about</a>
            <a href="#" class="svelte-16fnwww" rel="prefetch">blog</a>
          </nav>
        </header>
        <main class="svelte-v25qrq">
          <div class="home-container svelte-1lllleo">
            <div class="home-copy svelte-1lllleo">
              <h1 class="svelte-1lllleo">Welcome to your new Blog</h1>
              <p class="svelte-1lllleo">This is blog simple description. and some
key infomation about you.</p>
            </div>
            <figure class="svelte-1lllleo">
              <img alt="Person typing on laptop" class="svelte-1lllleo" src=".
/src/undraw-illustration.svg">
                <figcaption class="svelte-1lllleo">Illustration thanks to Undraw</
figcaption>
            </figure>
          </div>
        </main>
        <footer class="svelte-v25qrq">
          <span>© 2020 Your Blog</span>
        </footer>
      </div>
    </div>
  </body>
</html>
```

代码 6-3

```
<!DOCTYPE html>
<html>
 <head>
  <title>About</title>
  <meta http-equiv="Content-Type" content="text/html; charset=UTF-8" />
  <meta content="width=device-width,initial-scale=1" name="viewport" />
  <meta content="#333333" name="theme-color" />
  <!--<base href="/">-->
  <base href="." />
    <link href="./src/global.css" rel="stylesheet">
    <link href="./src/main.css" rel="stylesheet">
 </head>
 <body>
```

```
    <div id="sapper">
     <div class="svelte-v25qrq layout">
      <header class="svelte-y9ah38">
       <a href="#"> <img alt="Sapper" class="svelte-nsstmh" src="./src/logo-192.png" /> </a>
       <nav class="svelte-16fnwww">
        <a href="index.html" class="svelte-16fnwww">home</a>
        <a href="about.html" class="svelte-16fnwww selected">about</a>
        <a href="#" class="svelte-16fnwww" rel="prefetch">blog</a>
       </nav>
      </header>
      <main class="svelte-v25qrq">
       <div class="container">
       <h1>About</h1>
       <figure class="svelte-1t712sc">
        <img alt="Image of a vintage typewriter." class="svelte-1t712sc" src="./src/rsz_florian-klauer-489-unsplash.jpg" />
         <figcaption>
          Photo by Florian Klauer on Unsplash
         </figcaption>
        </figure>
        <p>So you two dig up, dig up dinosaurs? What do they got in there? King
Kong? My dad once told me, laugh and the world laughs with you, Cry, and I'll give
you something to cry about you little bastard! Life finds a way. God creates
dinosaurs. God destroys dinosaurs. God creates Man. Man destroys God. Man creates
Dinosaurs.</p>
        <p>You really think you can fly that thing? You know what? It is beets.
I've crashed into a beet truck. Forget the fat lady! You're obsessed with the fat
lady! Drive us out of here! Is this my espresso machine? Wh-what is-h-how did you get
my espresso machine?</p>
        <p>Hey, you know how I'm, like, always trying to save the planet? Here's my
chance. Hey, take a look at the earthlings. Goodbye! I was part of something special.
Just my luck, no ice. You're a very talented young man, with your own clever thoughts
and ideas. Do you need a manager?</p>
        <p>Jaguar shark! So tell me - does it really exist? This thing comes fully
loaded. AM/FM radio, reclining bucket seats, and... power windows. Yes, Yes, without
the oops! You're a very talented young man, with your own clever thoughts and ideas.
Do you need a manager?</p>
        <p>Yes, Yes, without the oops! Do you have any idea how long it takes those
cups to decompose. They're using our own satellites against us. And the clock is
ticking. Do you have any idea how long it takes those cups to decompose. My dad once
told me, laugh and the world laughs with you, Cry, and I'll give you something to cry
about you little bastard!</p>
       </div>
      </main>
      <footer class="svelte-v25qrq">
       <span> &copy; 2020 Your Blog</span>
      </footer>
     </div>
    </div>
   </body>
  </html>
```

6.2.2 代码说明

对于两个 HTML 页面，都是包含 head 和 body 两部分，head 中是基本的网站属性和资源引入，body 是页面 dom 内容。两个页面都是上中下结构，包含 header 块、main 块、footer 块。header 块主要是博客的导航内容；main 块是当前页面所要呈现的具体内容；footer 是该网站版权信息或者相关链接信息。

6.2.3　界面

博客首页的显示结果如图 6-3 所示。

图 6-3　网站 index.html 页面效果

关于页面的显示结果如图 6-4 所示。

图 6-4　网站 about.html 页面效果

思考题

1. 修改提供的简历源码，加入自己的个人内容。
2. 尝试创建一个自己的 HTML 简历。

第7章
CSS 介绍与基本概念

CSS 是网页中不可或缺的一部分，多页面友好呈现起着重要作用，本章将介绍 CSS 的特性、工作原理，并简单介绍如何使用。

为了深入了解 CSS，也对 CSS 的基本概念进行进一步探究，本章主要介绍的内容包括语法、选择器、字体、颜色、背景。

7.1 CSS 简介

CSS 指层叠样式表（Cascading Style Sheets），它是继 HTML 语言之后诞生的前端样式语言，起初是因为 HTML 控制的样式字体等前端文字样式过于烦琐复杂，可维护性极低，为了解决这个问题便诞生了 CSS。

正由于 CSS 的特性及其工作原理，使得其被广泛使用。

7.1.1 CSS 语言特点

CSS 之所以能在网页中发挥重要作用，和它以下 5 个特点密不可分。

（1）丰富的样式定义

CSS 提供了丰富的文档样式外观，以及设置文本和背景属性的能力；允许为任何元素创建边框，以及元素边框与其他元素间的距离，以及元素边框与元素内容间的距离；允许随意改变文本的大小写方式、修饰方式以及其他页面效果。

（2）易于使用和修改

CSS 可以将样式定义在 HTML 元素的 style 属性中，也可以将其定义在 HTML 文档的 header 部分，也可以将样式声明在一个专门的 CSS 文件中，以供 HTML 页面引用。总之，CSS 可以将所有的样式声明统一存放，进行统一管理。

另外，可以将相同样式的元素进行归类，使用同一个样式进行定义，也可以将某个样式应用到所有同名的 HTML 标签中，或将一个 CSS 样式指定到某个页面元素中。如果要修改样式，只需要在样式列表中找到相应的样式声明进行修改。

（3）多页面应用

CSS 样式表可以单独存放在一个 CSS 文件中，这样就可以在多个页面中使用同一个 CSS 样式。CSS 样式理论上不属于任何页面文件，在任何页面文件中都可以将其引用。这样就可以实现多个页面风格的统一。

（4）层叠

简单地说，层叠就是对一个元素多次设置同一个样式，这将使用最后一次设置的属性值。例如对一个网站中的多个页面使用了同一套 CSS 样式，而某些页面中的某些元素想使用其他样式，就可以针对这些样式单独定义一个样式应用到页面中。这些后来定义的样式将对前面的样式设置进行重写，在浏览器中看到的将是最后设置的样式效果。

（5）页面压缩

在使用 HTML 定义页面效果的网站中，往往需要大量或重复的表格和 font 元素形成各种规格的文字样式，这样做的后果就是会产生大量的 HTML 标签，从而使页面文件的大小增加。而将样式的声明单独放到 CSS 样式表中，可以大大地减小页面的体积，这样在加载页面时的时间也会大大地减少。另外，CSS 样式表的复用更大程度地缩减了页面的体积，减少下载的时间。

7.1.2　CSS 工作原理

CSS 是一种定义样式结构（如字体、颜色、位置等）的语言，被用于描述网页上的信息格式化和现实的方式。CSS 样式可以直接存储于 HTML 网页或者单独的样式单文件。无论哪一种方式，样式单包含将样式应用到指定类型的元素的规则。外部使用时，样式单规则被置在一个文件扩展名.css 的外部样式单文档中。

样式规则可应用于网页中元素，如文本段落或链接的格式化指令。样式规则由一个或多个样式属性及其值组成。内部样式单直接放在网页中，外部样式单保存在独立的文档中，网页通过一个特殊标签链接外部样式单。

CSS 中的"层叠（Cascading）"表示样式单规则应用于 HTML 文档元素的方式。具体地说，CSS 样式单中的样式形成一个层次结构，更具体的样式覆盖通用样式。样式规则的优先级由 CSS 根据这个层次结构决定，从而实现级联效果。

7.1.3　技术应用

CSS 主要在网页开发中使用，在 HTML 文件里加一个超级链接，引入外部的 CSS 文档。这个方法最方便管理整个网站的网页风格，它让网页的文字内容与版面设计分开。只要在一个 CSS 文档内（扩展名为 CSS） 定义好网页的风格，然后在网页中加一个超级链接连接到该文档，那么网页就会按照在 CSS 文档内定义好的风格显示出来。

7.2　语言基础

在 CSS 的使用过程中，属性和属性值是其最基本的特性。

（1）属性

属性的名字是一个合法的标识符，它们是 CSS 语法中的关键字。一种属性规定了格式修饰的一个方面。例如：color 是文本的颜色属性，而 text-indent 则规定了段落的缩进。

要掌握一个属性的用法，有 6 个方面需要了解。具体叙述如下：

① 该属性的合法属性值（legal value）。显然段落缩进属性 text-indent 只能赋给一个表示长度的值，而表示背景图案的 background-image 属性则应该取一个表示图像位置链接的值或者使用关键字 none 表示不设置背景图案。

② 该属性的默认值（initial value）。当在样式表单中没有规定该属性，而且该属性不能从它的父级元素那儿继承的时候，则浏览器将认为该属性取它的默认值。

③ 该属性所适用的元素（applies to）。有的属性只适用于某些个别的元素，比如 white-space

属性就只适用于块级元素。white-space 属性可以取 normal、pre 和 nowrap 三个值。当取 normal 的时候，浏览器将忽略掉连续的空白字符，而只显示一个空白字符。当取 pre 的时候，则保留连续的空白字符。而取 nowrap 的时候，连续的空白字符被忽略，而且不自动换行。

④ 该属性的值是否被下一级继承（inherited）。

⑤ 如果该属性能取百分值（percentage），那么该百分值将如何解释，也就是百分值所相对的标准是什么。如 margin 属性可以取百分值，它是相对于 margin 所存元素的容器的宽度。

⑥ 该属性所属的媒介类型组（media groups）。

（2）属性值

① 整数和实数。这和普通意义上的整数和实数没有多大区别。在 CSS 中只能使用浮点小数，而不能像其他编程语言那样使用科学计数法表示实数，即 1.2E3 在 CSS 中将是不合法的。下面是几个正确的例子，整数：128、−313，实数：12.20、1415、−12.03。

② 长度量。一个长度量由整数或实数加上相应的长度单位组成。长度量常用来对元素定位。而定位分为绝对定位和相对定位，因而长度单位也分为相对长度单位和绝对长度单位。

相对长度单位有：em——当前字体的大小，也就是 font-size 属性的值；ex——当前字体中小写字母 x 的大小；px——一个像素的长度，其实际的长度由显示器的设置决定，比如在 800×600 的设置下，一个像素的长度就等于屏幕的宽度除以 800。

另一点值得注意的是，子级元素不继承父级元素的相对长度值，只继承它们的实际计算值。

③ 百分数量（percentage）。百分数量就是数字加上百分号。显然，百分数量总是相对的，所以和相对长度量一样，百分数量不被子级元素继承。

7.3 CSS 语法

CSS 规则由两个主要的部分构成：选择器，以及一条或多条声明，如图 7-1 所示。

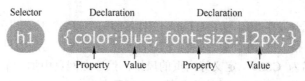

图 7-1 CSS 语法

选择器（Selector）通常是需要改变样式的 HTML 元素。每条声明由一个属性和一个值组成。其中属性（Property）是需要设置的样式属性（Style attribute）。每个属性有一个值。属性和值被冒号分开。

CSS 声明总是以分号（;）结束，声明组以大括号（{}）括起来：

```
p {color:red;text-align:center;}
```

为了让 CSS 可读性更强，可以每行只描述一个属性：

```
p {
  color:red;
  text-align:center;
}
```

CSS 注释用来解释代码，并且可以随意编辑它，浏览器会忽略它。CSS 注释以 "/*" 开始，以 "*/" 结束，实例如下：

```
/*这是个注释*/
P {
  text-align:center;
  /*这是另一个注释*/
  color:black;
  font-family:arial;
}
```

7.4　选择器

选择器确定了一个 HTML 元素可以使用哪一种样式来渲染该元素。CSS 的选择器按照不同的过滤方式，主要有以下 6 种类型的过滤器。

（1）类型选择器

CSS 中的一种选择器是元素类型的名称。使用这种选择器（称为类型选择器），可以向这种元素类型的每个实例上应用声明。例如，以下简单规则的选择器是 h1，因此规则作用于文档中所有的 h1 元素：

```
h1 {color:red}
```

以下 5 种为简单属性选择器。

（2）CLASS 属性过滤器

CLASS 属性允许向一组在 CLASS 属性上具有相同值的元素应用声明。BODY 内的所有元素都有 CLASS 属性。从本质上讲，可以使用 CLASS 属性来分类元素，在样式表中创建规则来引用 CLASS 属性的值，然后浏览器自动将这些属性应用到该组元素。

类（CLASS）选择器以标志符（句点）开头，用于指示后面是哪种类型的选择器。对于类选择器，之所以选择句点是因为在很多编程语言中它与术语"类"相关联。翻译成英语，标志符表示"带有类名的元素"。

（3）ID 属性过滤器

ID 属性的操作类似于 CLASS 属性，但有一点重要的不同之处：ID 属性的值在整篇文档中必须是唯一的。这使得 ID 属性可用于设置单个元素的样式规则。包含 ID 属性的选择器称为 ID 选择器。

需要注意的是，ID 选择器的标志符是散列符号（#）。标志符用来提醒浏览器接下来出现的是 ID 值。

（4）STYLE 属性过滤器

尽管在选择器中可以使用 CLASS 和 ID 属性值，STYLE 属性实际上可以替代整个选择器机制。不是只具有一个能够在选择器中引用的值（这正是 ID 和 CLASS 具有的值），STYLE 属性的值实际上是一个或多个 CSS 声明。

通常情况下，使用 CSS，设计者将把所有的样式规则置于一个样式表中，该样式表位于文档顶部的 STYLE 元素内（或在外部进行链接）。但是，使用 STYLE 属性能够绕过样式表，将声明直接放置到文档的开始标记中。

（5）组合选择器类型过滤器

可以将类型选择器、ID 选择器和类选择器组合成不同的选择器类型来构成更复杂的选择器。通过组合选择器，可以更加精确地处理希望赋予某种表示的元素。例如，要组合类型选择器和类选择器，一个元素必须满足两个要求：它必须是正确的类型和正确的类，以便使样式规则可以作用于它。

（6）外部信息：伪类和伪元素过滤器

在 CSS1 中，样式通常是基于在 HTML 源代码中出现的标记和属性。对于很多设计情景而言这种做法完全可行，但是它无法实现设计者希望获得的一些常见的设计效果。

设计伪类和伪元素可以实现其中的一些效果。这两种机制扩充了 CSS 的表现能力。在 CSS1 中，使用伪类可以根据一些情况改变文档中链接的样式，如根据链接是否被访问、何时被访问以及用户和文档的交互方式来应用改变。借助于伪元素，可以更改元素的第一个字母和第一行的样式，或者添加源文档中没有出现过的元素。

伪类和伪元素都不存在于 HTML；也就是说，它们在 HTML 代码中是不可见的。这两种机制都得到了精心设计以便能够在 CSS 以后的版本中做进一步地扩充；也就是实现更多的效果。

7.4.1　ID 选择器

ID 选择器可以为标有特定 ID 的 HTML 元素指定特定的样式。HTML 元素以 ID 属性来设置 ID 选择器，CSS 中 ID 选择器以 "#" 来定义。以下的样式规则应用于元素属性 id="para1"：

```
#para1 {
  text-align:center;
  color:red;
}
```

7.4.2　CLASS 选择器

CLASS 选择器用于描述一组元素的样式，CLASS 选择器有别于 ID 选择器，CLASS 可以在多个元素中使用。CLASS 选择器在 HTML 中以 CLASS 属性表示，在 CSS 中，CLASS 选择器以一个点"."号显示：在以下的例子中，所有拥有 center 类的 HTML 元素均为居中。

```
.center {text-align:center;}
```

你也可以指定特定的 HTML 元素使用 CLASS。在以下实例中，所有的 p 元素使用 class="center" 让该元素的文本居中：

```
p.center {text-align:center;}
```

注意：类名的第一个字符不能使用数字，否则它无法在 Mozilla 或 Firefox 中起作用。

7.4.3　伪类选择器

伪类选择器用于匹配处于特定状态的一个或者多个元素并为它们设置样式。CSS 中伪类选择器需要结合其他类型的选择器使用，使用方法为：选择器:伪类选择器，即在伪类选择器前加一个冒号，并附在其他选择器之后。

伪类选择器分为两种：

1）**静态伪类**：只能用于超链接的样式。

```
:link 超链接单击之前
:visited 链接被访问之后
```

2）**动态伪类**：针对所有标签都适用的样式。

合理使用伪类选择器可以令元素在不同状态下呈现出不同的动画效果，来看几个例子。

1）超链接<a>标签具有 4 种状态，分别对应 4 种伪类选择器：

:link 超链接单击之前
:visited 超链接被访问之后
:hover 鼠标放在标签上的时候
:activate 鼠标单击标签不松手的时候

这里有一点需要注意，在 CSS 的规定中，这 4 个选择器必须按照以上顺序来写，否则将会失效，这里有一个测试用的 CSS 代码片段：

a:link { color: blue;}
a:visited { color: red;}
a:hover { color: green;}
a:active { color: yellow;}

以上代码实现了令<a>标签的不同状态显示不同的颜色。

2）X:first-child 伪类被用来选择任意元素内的第一个 X 元素，现在来试试下面的代码。

代码 7-1

```
<!DOCTYPE html>
<html>
  <head>
   <meta charset="utf-8">
   <title>:first-child 伪类测试</title>
   <style>
     div:first-child { color:blue;}
   </style>
  </head>
  <body>
   <div>This is text A.</div>
   <div>This is text B.</div>
   <div>
     <div>This is text C.</div>
     <div>This is text D.</div>
   </div>
  </body>
</html>
```

从结果可以清晰地看到，第一行以及第三行的<div>标签变成了蓝色，如图 7-2 所示。

常见的 CSS 伪类选择器可以参考表 7-1。

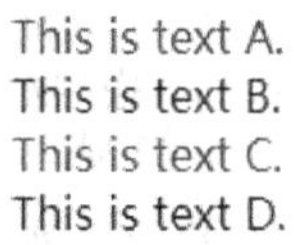

This is text A.
This is text B.
This is text C.
This is text D.

图 7-2　运行结果

表 7-1　常见 CSS 伪类选择器表

选择器	意义
:activate	选择所有活动的链接
:after	在所选元素之后插入内容
:before	在所选元素之前插入内容
:checked	选择所有被选中的元素
:disabled	选择所有被禁用的元素

（续）

选择器	意义
:enabled	选择所有启用的元素
:first-child	选择任意元素中的第一个被选择器选择的元素
:focus	选择获取到焦点的元素
:hover	选择鼠标悬浮在其上的元素
:invalid	选择所有无效的元素
:last-child	选择所有的最后一个子元素
:link	选择所有未访问的链接
:not(selector)	选择所有 Selector 以外的元素
:only-child	选择所有仅有一个子元素的元素
:optional	选择所有不包含 required 属性的元素
:read-only	选择所有只读属性的元素
:required	选择所有具有 required 属性的元素
:root	选择文档的根元素
:visited	选择所有访问过的链接
:valid	选择所有有效的元素

7.4.4 属性选择器

属性选择器可以为带有特定属性的 HTML 元素设置样式，属性选择器的语法是 Selector[attribute]，例如以下代码，可以将输入框中的文字变更为绿色。

代码 7-2

```
<!DOCTYPE html>
<html>
  <head>
    <style>
      input[type] { color: green;}
    </style>
  </head>
  <body>
    <input type="primary" />
    <input type="link">
  </body>
</html>
```

除此之外，属性选择器还有 CSS[attribute="value"]的用法，该选择器用于选取带有指定属性和值的元素，如下面代码可以选取所有 type 属性值为 primary 的元素，并将之置为绿色。

```
input[type="primary"]{
    color: green;
}
```

7.5 CSS 字体

CSS 字体属性定义字体、加粗、大小、文字样式。例如 serif 和 sans-serif 字体之间的区别如

图 7-3 所示。

图 7-3　CSS 字体

7.5.1　CSS 字型

在 CSS 中，有两种类型的字体系列名称：

1）通用字体系列：拥有相似外观的字体系统组合（如 "Serif" 或 "Monospace"）。

2）特定字体系列：一个特定的字体系列（如 "Times" 或 "Courier"）。

两种字体具体特点如表 7-2 所示。

表 7-2　CSS 字型

Generic family	字体系列	说明
Serif	Times New Roman Georgia	Serif 字体中字符在行的末端拥有额外的装饰
Sans-serif	Arial Verdana	"Sans"是指无，即这些字体在末端没有额外的装饰
Monospace	Courier New Lucida Console	所有的等宽字符具有相同的宽度

7.5.2　字体系列

font-family 属性设置文本的字体系列。font-family 属性应该设置几个字体名称作为一种"后备"机制，如果浏览器不支持第一种字体，它将尝试下一种字体。如果字体系列的名称超过一个字，它必须用引号，如 Font Family："宋体"。多个字体系列使用一个逗号分隔指明。

```
p{font-family:"Times New Roman", Times, serif;}
```

代码 7-3 展示一个字体系列的实例。

代码 7-3

```
<!DOCTYPE html>
<html>
<head>
  <meta charset="utf-8">
  <title>Font Example</title>
  <style>
    p.serif{font-family:"Times New Roman",Times,serif;}
    p.sansserif{font-family:Arial,Helvetica,sans-serif;}
  </style>
</head>
<body>
  <h1>CSS font-family</h1>
  <p class="serif">这一段的字体是 Times New Roman </p>
  <p class="sansserif">这一段的字体是 Arial.</p>
```

```
</body>
</html>
```

根据不同的选择器，p 标签内部显示为不同的字体样式，效果如图 7-3 所示。

图 7-4　字体变换

7.5.3　字体样式

主要是用于指定斜体文字的字体样式属性。这个属性有三个值：

1）正常：正常显示文本。

2）斜体：以斜体字显示的文字。

3）倾斜的文字：文字向一边倾斜（和斜体非常类似，但不太支持）。

```
p.normal {font-style: normal;}
p.italic {font-style: italic;}
p.oblique {font-style: oblique;}
```

7.5.4　字体大小

font-size 属性设置文本的大小。能否管理文字的大小在网页设计中是非常重要的。但是，你不能通过调整字体大小使段落看上去像标题，或者使标题看上去像段落。请务必使用正确的 HTML 标签，如<h1>～<h6>表示标题和<p>表示段落：字体大小的值可以是绝对或相对的大小。

1）绝对大小是指：

● 设置一个指定大小的文本。

● 不允许用户在所有浏览器中改变文本大小。

● 确定输出的物理尺寸时绝对大小很有用。

2）相对大小是指：

● 相对于周围的元素来设置大小。

● 允许用户在浏览器中改变文字大小。

● 如果你不指定一个字体的大小，默认大小和普通文本段落一样，是 16 像素（16px=1em）。

7.5.5　设置字体大小像素

设置文字的大小为像素，可以完全控制文字大小：

```
h1 {font-size:40px;}
h2 {font-size:30px;}
```

```
p {font-size:14px;}
```

上面的例子可以在 Internet Explorer 9, Firefox, Chrome, Opera, 和 Safari 中通过缩放浏览器来调整文本大小。虽然可以通过浏览器的缩放工具调整文本大小, 但是, 这种调整是对于整个页面, 而不仅仅是文本。

为了避免 Internet Explorer 中无法调整文本的问题, 许多开发者使用 em 单位代替像素。em 的尺寸单位由 W3C 建议。1em 和当前字体大小相等。在浏览器中默认的文字大小是 16px。因此, 1em 的默认大小是 16px。可以通过下面这个公式将像素转换为 em: px/16=em。

```
h1 {font-size:2.5em;} /* 40px/16=2.5em */
h2 {font-size:1.875em;} /* 30px/16=1.875em */
p {font-size:0.875em;} /* 14px/16=0.875em */
```

在上面的例子, em 的文字大小与前面的例子中像素一样。不过, 如果使用 em 单位, 则可以在所有浏览器中调整文本大小。不幸的是, IE 浏览器在调整文本的大小时, 会比正常的尺寸更大或更小。

7.5.6 使用百分比和 em 组合

在所有浏览器的解决方案中, 设置 <body>元素的默认字体大小的是百分比。

```
body {font-size:100%;}
h1 {font-size:2.5em;}
h2 {font-size:1.875em;}
p {font-size:0.875em;}
```

上面的代码非常有效。在所有浏览器中, 可以显示相同的字体大小, 并允许所有浏览器缩放文本的大小。

如代码 7-4 所示。

代码 7-4

```
<!DOCTYPE html>
<html>
<head>
  <meta charset="utf-8">
  <title>Font Size Example</title>
  <style>
    body {font-size:100%;}
    h1 {font-size:2.5em;}
    h2 {font-size:1.875em;}
    p {font-size:0.875em;}
  </style>
</head>
<body>
  <h1>This is heading 1</h1>
  <h2>This is heading 2</h2>
  <p>This is a paragraph.</p>
  <p>在所有浏览器中, 可以显示相同的字体大小, 并允许所有浏览器缩放文本的大小。</p>
</body>
</html>
```

字体大小通过 CSS 控制显示效果如图 7-5 所示。

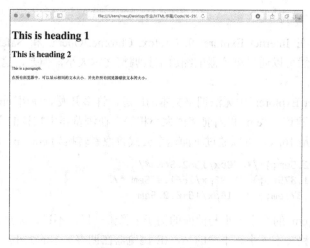

图 7-5　字体大小控制

7.5.7　所有 CSS 字体属性

CSS 常见的字体属性如表 7-3 所示。

表 7-3　常见的 CSS 字体属性

属性	描述
font	在一个声明中设置所有的字体属性
font-family	指定文本的字体系列
font-size	指定文本的字体大小
font-style	指定文本的字体样式
font-variant	以小型大写字体或者正常字体显示文本
font-weight	指定字体的粗细

7.6　CSS 颜色

所有浏览器均支持 CSS 颜色，颜色属性的使用能够增加 HTML 页面的丰富度，接下来主要介绍颜色的原理以及灰阶。

1. CSS 颜色原理

颜色是由红（RED）、绿（GREEN）、蓝（BLUE）光线的显示结合。CSS 中定义颜色使用十六进制（HEX）表示法为红、绿、蓝的颜色值结合。可以是最低值 0（十六进制 00）到最高值 255（十六进制 FF）3 个双位数字的十六进制值写法，以＃符号开始。颜色的表示方法如表 7-4 所示。

表 7-4　CSS 字体颜色

Color	HEX	RGB
	#000000	rgb(0,0,0)
	#7F7F7F	rgb(127,127,127)
	#FFFFFF	rgb(255,255,255)

红、绿、蓝值从 0 到 255 的结合，给出了总额超过 1600 多万种不同的颜色（256 × 256

×256）。现代大多数显示器能够显示至少 16384 种颜色。

2. 灰阶

灰阶代表了由最暗到最亮之间不同亮度的层次级别，为了更容易选择合适的灰色，编制了不同级别灰色的表，见表 7-5。

表 7-5　CSS 灰阶

Gray Shades	HEX	RGB
	#000000	rgb(0,0,0)
	#101010	rgb(16,16,16)
	#202020	rgb(32,32,32)
	#303030	rgb(48,48,48)
	#404040	rgb(64,64,64)
	#505050	rgb(80,80,80)
	#606060	rgb(96,96,96)
	#707070	rgb(112,112,112)
	#808080	rgb(128,128,128)
	#909090	rgb(144,144,144)
	#A0A0A0	rgb(160,160,160)
	#B0B0B0	rgb(176,176,176)
	#C0C0C0	rgb(192,192,192)
	#D0D0D0	rgb(208,208,208)
	#E0E0E0	rgb(224,224,224)
	#F0F0F0	rgb(240,240,240)
	#FFFFFF	rgb(255,255,255)

7.7　CSS3 背景

CSS3 中包含几个新的背景属性，提供更多背景元素控制。

7.7.1　浏览器支持

表格中的数字表示支持该属性的第一个浏览器版本号。紧跟在-webkit-、-ms-或-moz-前的数字为支持该前缀属性的第一个浏览器版本号。相关浏览器总结如表 7-6 所示。

表 7-6　CSS 浏览器支持

属性	Chrome	IE	FireFox	Safari	Opera
background-image (with multiple backgrounds)	4.0	9.0	3.6	3.1	11.5
background-size	4.0 1.0 -webkit-	9.0	4.0 3.6 -moz-	4.1 3.0 -webkit-	10.5 10.0 -o-

（续）

属性	Chrome	IE	FireFox	Safari	Opera
background-origin	1.0	9.0	4.0	3.0	10.5
background-clip	4.0	9.0	4.0	3.0	10.5

7.7.2 属性

CSS3 的背景支持了新的自定义属性，主要有以下 4 种。

（1）CSS3 background-image 属性

CSS3 中可以通过 background-image 属性添加背景图片。不同的背景图像和图像用逗号隔开，所有的图片中显示在最顶端的为第一张。

```
#example1 {
    background-image: url(bg.gif), url(paper.gif);
    background-position: right bottom, left top;
    background-repeat: no-repeat, repeat;
}
```

可以给不同的图片设置多个不同的属性。

```
#example1 {
    background: url(img_flwr.gif) right bottom no-repeat, url(paper.gif) left top repeat;
}
```

（2）CSS3 background-size 属性

background-size 指定背景图像的大小。在 CSS3 以前，背景图像大小由图像的实际大小决定。

CSS3 中可以指定背景图片，让我们重新在不同的环境中指定背景图片的大小。我们也可以指定像素或百分比大小，指定的大小是相对于父元素的宽度和高度的百分比的大小。

```
div {
    background:url(img_flwr.gif);
    background-size:80px 60px;
    background-repeat:no-repeat;
}
```

可以伸展背景图像完全填充内容区域：

```
div {
    background:url(img_flwr.gif);
    background-size:100% 100%;
    background-repeat:no-repeat;
}
```

（3）CSS3 的 background-origin 属性

background-origin 属性指定了背景图像的位置区域。content-box、padding-box 和 border-box 区域内可以放置背景图像。

在 content-box 中定位背景图像：

```
div {
    background:url(img_flwr.gif);
    background-repeat:no-repeat;
```

```
    background-size:100% 100%;
    background-origin:content-box;
}
```

（4）CSS3 background-clip 属性

CSS3 中 background-clip 背景剪裁属性是从指定位置开始绘制。

```
#example1 {
    border: 10px dotted black;
    padding: 35px;
    background: yellow;
    background-clip: content-box;
}
```

例如代码 7-5 利用不同的 background-clip 参数生成不同的显示效果。

代码 7-5

```
<!DOCTYPE html>
<html>
<head>
<meta charset="utf-8">
<title>Background Example</title>
<style>
#example1 {
    border: 10px dotted black;
    padding:35px;
    background: yellow;
}

#example2 {
    border: 10px dotted black;
    padding:35px;
    background: yellow;
    background-clip: padding-box;
}

#example3 {
    border: 10px dotted black;
    padding:35px;
    background: yellow;
    background-clip: content-box;
}
</style>
</head>
<body>

<p>没有背景剪裁 (border-box 没有定义):</p>
<div id="example1">
<h2>Lorem Ipsum Dolor</h2>
<p>Lorem ipsum dolor sit amet, consectetuer adipiscing elit, sed diam nonummy
nibh euismod tincidunt ut laoreet dolore magna aliquam erat volutpat.</p>
</div>
```

```
<p>background-clip: padding-box:</p>
<div id="example2">
<h2>Lorem Ipsum Dolor</h2>
<p>Lorem ipsum dolor sit amet, consectetuer adipiscing elit, sed diam nonummy
nibh euismod tincidunt ut laoreet dolore magna aliquam erat volutpat.</p>
</div>

<p>background-clip: content-box:</p>
<div id="example3">
<h2>Lorem Ipsum Dolor</h2>
<p>Lorem ipsum dolor sit amet, consectetuer adipiscing elit, sed diam nonummy
nibh euismod tincidunt ut laoreet dolore magna aliquam erat volutpat.</p>
</div>

</body>
</html>
```

显示效果如图 7-6 所示。

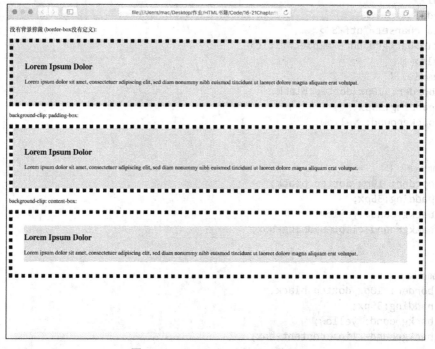

图 7-6　background-clip 显示效果

7.7.3　背景使用实例

CSS 的背景属性可以赋给大多数的 HTML 标签，最常见的是设置<div>的颜色。下面给出 background 的灵活使用，配合 CSS 颜色属性的定义来改变页面控件的颜色显示效果。见代码 7-6。

代码 7-6

```
<!DOCTYPE html>
<html>
```

```
<head>
<meta charset="utf-8">
<title>Background Example</title>
<style>
div{
    height:30px;
}

#example1 {
    background: yellow;
}

#example2 {
    background-color: red;
}

#example3 {
    background: rgba(167, 202, 141, 0.33);
}

#example4 {
    background: #f9ffbd;
}
</style>
</head>
<body>

<p>background:yellow</p>
<div id="example1">
</div>

<p>background-color: red</p>
<div id="example2">
</div>

<p>background: rgba(167, 202, 141, 0.33)</p>
<div id="example3">
</div>

<p id="example4">十六进制颜色#f9ffbd</p>
</body>
</html>
```

显示效果如图 7-7 所示。

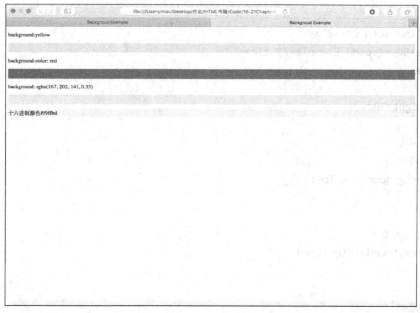

图 7-7　背景显示

通过直接设置 background，background 会自动根据设置的颜色属性，将 background-color 属性设置为指定颜色。同时可以发现，可以使用颜色名称或者 RGB 值，以及十六进制颜色多种方式来设置颜色。

思考题

1. 请简单概述 CSS 语法规则。
2. 简述 CLASS 选择器和 ID 选择器的区别？
3. 如何设置 CSS 字体大小？
4. 根据 CSS 知识，判断下面哪个字体大小更大。（　　　）
    A．h1 {font-size:2.5em;}
    B．h1 {font-size:30px;}
    C．h1 {font-size:100%;}
    D．无法比较
5. 下列哪个 CSS 颜色是不合法的？（　　　）
    A．#FF0000
    B．#FFFFFF
    C．rgb(0,0,0)
    D．rgb(249,249,249)
6. CSS 控制背景如何实现？

第 8 章
CSS 盒子模型

盒子模型是 CSS 中元素布局的一个重要环节，本章通过边距、边框、填充和实际内容的介绍来详细了解盒子模型。

8.1 盒子模型简介

所有的 HTML 元素可以看作盒子，在 CSS 中，"Box Model" 这一术语是用来设计和布局时使用。CSS 盒模型本质上是一个盒子，封装周围的 HTML 元素，它包括：边距、边框、填充和实际内容。盒模型允许我们在其他元素和周围元素边框之间的空间放置元素。

图 8-1 说明了盒子模型（Box Model）。

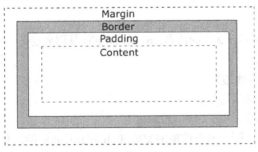

图 8-1　盒子模型

图中不同部分的说明：

- Margin（外边距）–清除边框外的区域，外边距是透明的。
- Border（边框）–围绕在内边距和内容外的边框。
- Padding（内边距）–清除内容周围的区域，内边距是透明的。
- Content（内容）–盒子的内容，显示文本和图像。

为了所有浏览器中的元素的宽度和高度设置正确，需要知道盒模型是如何工作的。

8.1.1　元素的宽度和高度

当指定一个 CSS 元素的宽度和高度属性时，只是设置内容区域的宽度和高度。要知道完全大小的元素，还必须添加填充、边框和边距。

下面例子中的元素的总宽度为 300px：

```
div { width: 300px; border: 25px solid green; padding: 25px; margin: 25px; }
```

进行以下计算：300px（宽）+50px（左+右填充）+50px（左+右边框）+50px（左+右边距）=450px

下面设置总宽度为 250px 的元素：

```
div { width: 220px; padding: 10px; border: 5px solid gray; margin: 0; }
```

最终，元素的总宽度计算公式是这样的：总元素的宽度=宽度+左填充+右填充+左边框+右边框+左边距+右边距

元素的总高度计算公式是这样的：总元素的高度=高度+顶部填充+底部填充+上边框+下边框+上边距+下边距

8.1.2　浏览器的兼容性问题

一旦为页面设置了恰当的文档定义类型（DTD），大多数浏览器都会按照图 9-1 所示模型来呈现内容。根据 W3C 的规范，元素内容占据的空间是由 width 属性设置的，而内容周围的 Padding 和 Border 值是另外计算的。

IE8 及更早 IE 的版本不支持填充的宽度和边框的宽度属性设置。解决 IE8 及更早版本不兼容问题，可以在 HTML 页面声明 <!DOCTYPE html>即可。

为了支持盒子模型，需要进一步了解哪些属性可以构造盒子模型。

8.2　CSS 边框

CSS 边框属性允许设置元素边框的样式、宽度和颜色。

8.2.1　边框样式

边框样式属性指定要显示什么样的边界。border-style 属性用来定义边框的样式。属性说明如下：
- none 默认无边框。
- dotted：定义一个点线边框。
- dashed：定义一个虚线边框。
- solid：定义实线边框。
- double：定义两个边框。两个边框的宽度和 border-width 的值相同。
- groove：定义 3D 沟槽边框。效果取决于边框的颜色值。
- ridge：定义 3D 脊边框。效果取决于边框的颜色值。
- inset：定义一个 3D 的嵌入边框。效果取决于边框的颜色值。
- outset：定义一个 3D 的突出边框。效果取决于边框的颜色值。
- hidden：定义隐藏边框。

示例代码见代码 8-1。

代码 8-1

```
<!DOCTYPE html>
<html>
<head>
<meta charset="utf-8">
<title>Border Example</title>
<style>
  p.none {border-style:none;}
  p.dotted {border-style:dotted;}
```

```
    p.dashed {border-style:dashed;}
    p.solid {border-style:solid;}
    p.double {border-style:double;}
    p.groove {border-style:groove;}
    p.ridge {border-style:ridge;}
    p.inset {border-style:inset;}
    p.outset {border-style:outset;}
    p.hidden {border-style:hidden;}
</style>
</head>
<body>
    <p class="none">无边框。</p>
    <p class="dotted">点线边框。</p>
    <p class="dashed">虚线边框。</p>
    <p class="solid">实线边框。</p>
    <p class="double">双边框。</p>
    <p class="groove"> 沟槽边框。</p>
    <p class="ridge">脊边框。</p>
    <p class="inset">嵌入边框。</p>
    <p class="outset">突出边框。</p>
    <p class="hidden">隐藏边框。</p>
</body>
</html>
```

图 8-2 是不同边框效果的展示。

图 8-2　边框显示效果

8.2.2　边框宽度

可以通过 border-width 属性为边框指定宽度。为边框指定宽度有两种方法：可以指定长度值，比如 2px 或 0.1em（单位为 px、pt、cm、em 等），或者使用三个关键字之一，它们分别是 thick、medium（默认值）和 thin。

注意：CSS 没有定义三个关键字的具体宽度，所以一个用户可能把 thick、medium 和 thin 分别设置为等于 5px、3px 和 2px，而另一个用户则分别设置为 3px、2px 和 1px。

```
p.one {
    border-style: solid;
    border-width: 5px;
}
p.two {
    border-style: solid;
    border-width: medium;
}
```

8.2.3　边框颜色

border-color 属性用于设置边框的颜色。可以设置的颜色有：
- name–指定颜色的名称，如 "red"。
- RGB–指定 RGB 值，如 "rgb(255,0,0)"。
- Hex–指定十六进制值，如 "#ff0000"。

还可以设置边框的颜色为"transparent"。

注意：border-color 单独使用是不起作用的，必须得先使用 border-style 来设置边框样式。

```
p.one {
    border-style: solid;
    border-color: red;
}
p.two {
    border-style: solid;
    border-color: #98bf21;
}
```

8.2.4　边框–单独设置各边

在 CSS 中，可以指定不同的侧面、不同的边框：

```
P {
    border-top-style: dotted;
    border-right-style: solid;
    border-bottom-style: dotted;
    border-left-style: solid;
}
```

上面的例子也可以设置一个单一属性：

```
border-style: dotted solid;
```

border-style 属性可以有 1～4 个值：
（1）border-style: dotted solid double dashed;
　　　上边框是 dotted。
　　　右边框是 solid。
　　　底边框是 double。
　　　左边框是 dashed。

（2）border-style:dotted solid double;

　　　上边框是 dotted。

　　　左、右边框是 solid。

　　　底边框是 double。

（3）border-style:dotted solid;

　　　上、底边框是 dotted。

　　　右、左边框是 solid。

（4）border-style:dotted;

　　　四面边框是 dotted。

上面的例子用了 border-style。然而，它也可以和 border-width、border-color 一起使用。

8.2.5　边框–简写属性

上面的例子用了很多属性来设置边框。也可以在一个属性中设置边框，比如在"border"属性中设置：

```
border-width
border-style (required)
border-color
border: 5px solid red;
```

8.3　CSS 轮廓

轮廓（Outline）是绘制于元素周围的一条线，位于边框边缘的外围，可起到突出元素的作用。轮廓属性指定元素轮廓的样式、颜色和宽度，如图 8-3 所示。

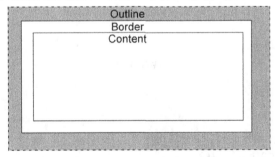

图 8-3　CSS 轮廓

8.3.1　轮廓属性

"CSS"列中的数字表示哪个 CSS 版本定义了该属性（CSS1 或者 CSS2），见表 8-1。

表 8-1　CSS 轮廓属性

属性	说明	值	CSS
<u>outline</u>	在一个声明中设置所有的轮廓属性	outline-color	2
		outline-style	
		outline-width	
		inherit	

（续）

属性	说明	值	CSS
outline-color	设置轮廓的颜色	color-name	2
		hex-number	
		rgb-number	
		invert	
		inherit	
outline-style	设置轮廓的样式	none	2
		dotted	
		dashed	
		solid	
		double	
		groove	
		ridge	
		inset	
		outset	
		inherit	
outline-width	设置轮廓的宽度	thin	2
		medium	
		thick	
		length	
		inherit	

8.3.2　轮廓实例

轮廓实例见代码 8-2。

代码 8-2

```
<!DOCTYPE html>
<html>
<head>
<meta charset="utf-8">
<title>Border Example</title>
<style>
p.one
{
  border:1px solid red;
  outline-style:solid;
  outline-width:thin;
}
p.two
{
  border:1px solid yellow;
  outline-style:dotted;
  outline-width:3px;
}
</style>
```

```
</head>
<body>

<p class="one">This is some text in a paragraph.</p>
<p class="two">This is some text in a paragraph.</p>

<p><b>注意:</b> 如果只有一个 !DOCTYPE 指定 IE8 支持 outline 属性。</p>
</body>
</html>
```

图 8-4 展示了使用 border 设置元素轮廓，同时展示了如何设置 border 的颜色、样式等属性。

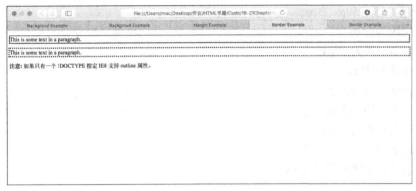

图 8-4　Border 样式效果

8.4　CSS Margin（外边距）

　　CSS Margin（外边距）属性定义元素周围的空间，见表 8-2。Margin 清除周围的元素（外边框）的区域。Margin 没有背景颜色，是完全透明的。Margin 可以单独改变元素的上、下、左、右边距。也可以一次改变所有的属性。

表 8-2　CSS Margin 属性值

值	说明
auto	设置浏览器边距。 这样做的结果会依赖于浏览器
length	定义一个固定的 margin（使用像素、pt、em 等）
%	定义一个使用百分比的边距

8.4.1　Margin 单边外边距属性

　　在 CSS 中，它可以指定不同的侧面、不同的边距：

```
margin-top:100px;
margin-bottom:100px;
margin-right:50px;
margin-left:50px;
```

8.4.2　Margin 简写属性

　　为了缩短代码，有可能使用一个属性中 margin 指定的所有边距属性。这就是所谓的缩写属性。所有边距属性的缩写属性是"margin"：

```
margin:100px 50px;
```

margin 属性可以有 1~4 个值。

（1）margin:25px 50px 75px 100px;

上边距为 25px。

右边距为 50px。

下边距为 75px。

左边距为 100px。

（2）margin:25px 50px 75px;

上边距为 25px。

左、右边距为 50px。

下边距为 75px。

（3）margin:25px 50px;

上、下边距为 25px。

左、右边距为 50px。

（4）margin:25px;

所有的 4 个边距都是 25px。

8.4.3 所有的 CSS 边距属性

所有的 CSS 边距属性如表 8-3 所示。

表 8-3 CSS 边距属性

属性	描述
margin	简写属性。在一个声明中设置所有外边距属性
margin-bottom	设置元素的下外边距
margin-left	设置元素的左外边距
margin-right	设置元素的右外边距
margin-top	设置元素的上外边距

8.4.4 Margin 样例

这个例子演示了如何设置使用百分比值的下边距，相对于包含的元素的宽度。代码见代码 8-3，显示效果见图 8-5。

代码 8-3

```
<!DOCTYPE html>
<html>
<head>
<meta charset="utf-8">
<title>Margin Example</title>
<style>
p.bottommargin {margin-bottom:25%;}
</style>
</head>
```

```
<body>
<p>这是一个没有指定边距大小的段落。</p>
<p class="bottommargin">这是一个指定下边距大小的段落。</p>
<p>这是一个没有指定边距大小的段落。</p>
</body>
</html>
```

图 8-5　Margin 样例

8.5　CSS Padding（填充）

　　CSS Padding（填充）属性定义元素边框与元素内容之间的空间。当元素的 Padding（填充）被清除时，所"释放"的区域将会受到元素背景颜色的填充。

　　单独使用填充属性可以改变上下左右的填充。缩写填充属性也可以使用，一旦改变，一切都改变。

　　CSS Padding 属性可能的值见表 8-4。

表 8-4　CSS Padding 属性

值	说明
length	定义一个固定的填充（像素、pt、em 等）
%	使用百分比值定义一个填充

8.5.1　填充单边内边距属性

　　在 CSS 中，它可以指定不同的侧面、不同的填充：

```
padding-top:25px;
padding-bottom:25px;
padding-right:50px;
padding-left:50px;
```

8.5.2　填充简写属性

　　为了缩短代码，可以使用一个属性中指定的所有填充属性。这就是所谓的缩写属性。所有的填充属性的缩写属性是"padding"：

```
padding:25px 50px;
```

　　Padding 属性，可以有 1~4 个值。

（1）padding:25px 50px 75px 100px;

上填充为 25px。

右填充为 50px。

下填充为 75px。

左填充为 100px。

（2）padding:25px 50px 75px;

上填充为 25px。

左、右填充为 50px。

下填充为 75px。

（3）padding:25px 50px;

上、下填充为 25px。

左、右填充为 50px。

（4）padding:25px;

所有的填充都是 25px。

8.5.3 所有的 CSS 填充属性

CSS 填充属性见表 8-5。

表 8-5　CSS 填充属性

属性	说明
padding	使用缩写属性设置在一个声明中的所有填充属性
padding-bottom	设置元素的底部填充
padding-left	设置元素的左部填充
padding-right	设置元素的右部填充
padding-top	设置元素的顶部填充

8.5.4 Padding 实例

下面的实例展示了 Padding 属性对于控件显示效果的变化，代码见代码 8-4，效果见图 8-6。

代码 8-4

```
<!DOCTYPE html>
<html>
<head>
<meta charset="utf-8">
<title>Padding Example</title>
<style>
p.ex1 {padding:2cm;}
p.ex2 {padding:0.5cm 3cm;}
p.ex3 {padding:20%;}
</style>
</head>

<body>
<p class="ex1">这个文本两边的填充边距一样。每边的填充边距为 2 厘米。</p>
<p class="ex2">这个文本的顶部和底部填充边距都为 0.5 厘米，左右的填充边距为 3 厘米。</p>
```

```
<p class="ex3">这个文本的上下左右填充边距都为父容器的 50%。</p>
</body>
</html>
```

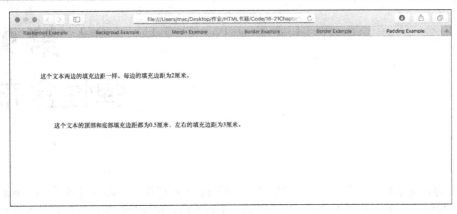

图 8-6　Padding 实例

思考题

1. 简要说明 CSS 盒子模型。
2. CSS 有哪几种常用的边框样式，简单说明其功能。
3. CSS Margin 设置为 auto 是什么含义？
4. padding:25px 50px 含义是:（　　　）

    A. 上下填充为 25px，左右填充为 50px

    B. 上下填充为 50px，左右填充为 15px

    C. 上下填充为 25px

    D. 左右填充为 15px

第 9 章
弹性盒布局

传统的布局方案，主要是基于盒状模型，依赖 display 属性、position 属性以及 float 属性。但是对于那些特殊布局需求非常不方便，比如，垂直居中、模块等间距等。但是弹性盒布局能够完美解决这些问题。

9.1 弹性盒布局简介

弹性盒（Flexible Box）是在 CSS3 中新增加的一种布局模式，是一种针对用户界面设计而优化的 CSS 盒子模型，旨在提供一种更加有效的方式来对一个容器中的子元素进行排列对齐，确保页面可以适应不同的屏幕大小。

弹性盒由弹性容器和弹性元素组成，在弹性盒布局模型中，弹性元素可以在任何方向上排布，它们的尺寸也可以弹性伸缩，既可以增加尺寸以填满未使用的空间，也可以收缩尺寸以避免父元素溢出。子元素的水平对齐和垂直对齐都可以很方便地进行操控，也可以通过水平框和垂直框的嵌套来在两个维度上构建布局。一个含有三个\<div\>块的\<div\>容器使用了弹性盒布局前后的样式变化如图 9-1 所示，右边是应用弹性盒布局之后的样式。

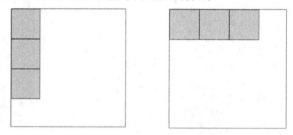

图 9-1　弹性盒布局对样式的影响

此外，在弹性盒之外以及弹性元素之内的元素是正常渲染的，弹性盒只定义了弹性元素在弹性容器内的布局。

在以下示例中，已将容器设置为 display: flex，这意味着三个子项成为弹性项。justify-content 的值已设置为 space-between，以便在主轴上均匀地分隔项目。在每个项目之间放置等量的空间，左侧和右侧项目与 Flex 容器的边缘齐平。还能看到项目在十字轴上拉伸，因为 align-items 的默认值为 stretch。这些项目伸展到 Flex 容器的高度，使它们看起来都像最高的项目一样高。

```
.box {
```

```
  display: flex;
  justify-content: space-between;
}

<div class="box">
  <div>One</div>
  <div>Two</div>
  <div>Three
      <br>has
      <br>extra
      <br>text
  </div>
</div>
```

结果如图 9-2 所示。

图 9-2　Flex 容器示例效果图

9.2　弹性容器

我们一般通过将父元素的 display 属性设置为 flex 或者 inline-flex 来设置弹性容器，二者的区别在于前者是 block 而后者是 inline-block。在经过对 display 进行设置之后，就得到了一个弹性容器，容器内的元素将会变为弹性元素，此时，所有的弹性元素的 CSS 都会有一个初始值，它们具有以下特性：

- 元素排列为一行。
- 元素从主轴的起始线开始（主轴和交叉轴的知识将会在下面介绍）。
- 元素不会在主维度方向拉伸，但是可以缩小。
- 在交叉轴方向，元素若不指定高度则会被拉伸。
- flex-basis 属性为 auto。
- flex-warp 属性为 nowarp。

接下来从弹性盒相关的一些属性入手，详细分析弹性容器。

（1）flex-direction

对于弹性布局来说，我们首先要理解两个轴线：主轴和交叉轴，两根轴线呈垂直关系。flex-direction 用于定义主轴，主轴指定了弹性容器中子元素的排列方式，决定了它们的排列方向，共有以下 4 种取值：

```
.flex-container {
    flex-direction: row | row-reverse | column | column-reverse;
}
```

- row 默认值，主轴水平，元素将水平从左到右显示。
- row-reverse 与 row 相同，但是从右到左显示。
- column 主轴垂直，元素将从上到下显示。
- column-reverse 与 column 相同，但是从下到上显示。

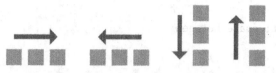

图 9-3　flex-direction 不同方向的示例

交叉轴则是与主轴垂直的轴，默认情况下，元素会延展至交叉轴的末尾。

（2）flex-wrap

在初始的时候，弹性盒只有一行，这就造成了默认情况下子元素会缩小以适应容器，有的时候，只有一行的弹性盒会为我们带来很多不便，这时就可以修改容器的 flex-wrap 属性。

当 flex-wrap 属性为 wrap 的时候，若弹性容器的宽度小于弹性元素的总宽度，子元素就无法全部显示在一行里，就会发生自动换行。当三个宽度为 180px 的<div>块在一个宽度为 400px 的<div>块中，图 9-4 即为将 flex-wrap 属性设置为 wrap 的时候所发生的变化。

flex-wrap 共有三个取值：

```
.flex-container {
    flex-wrap: nowrap | wrap | wrap-reverse;
}
```

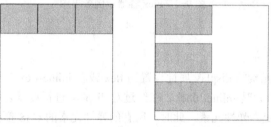

图 9-4　flex-wrap 对布局的影响

（3）flex-flow

flex-flow 属性是以上两个属性的简写，第一个指定的值为 flex-direction，第二个指定的值为 flex-wrap。

（4）align-items

align-items 主要用来设置交叉轴方向上的对齐方式。以下五个参数分别是从交叉轴起始位置开始放置子元素、从交叉轴终止位置开始放置子元素、子元素居中对齐、子元素基线对齐、子元素拉伸占据剩余空间。默认值是 flex-start，即交叉轴起始位置开始放置子元素。几种对齐方式如图 9-5 所示，顺序与下列代码中的参数顺序等同。

```
.flex-container {
    align-items: flex-start | flex-end | center | baseline | stretch;
}
```

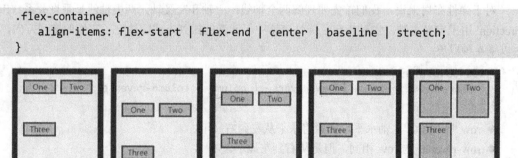

图 9-5　align-items 的对齐方式示例

（5）align-content

align-content 与 align-items 几乎等同，但是 align-content 是操作多行的，对单行弹性盒模型无效（即含有 flex-wrap: nowrap 的弹性盒模型）。除此之外，还多出两个可选值。

```
.flex-container {
    align-content: flex-start | flex-end | center | baseline | stretch |
                   space-between | space-around;
}
```

space-between 的效果是，有多余的空间就会平均分布，每个子元素的两边空白保持一致，头尾子元素贴在边缘。

space-around 的效果是，有多余的空间就会平均分布，每个子元素的两边空白保持一致，头尾子元素不会贴在边缘。

（6）justify-content

justify-content 设置的是在主轴方向上的对齐方式，其他与 align-items 没有什么不同的地方。

```
.flex-container {
    justify-content: flex-start | flex-end | center |
                     space-between | space-around;
}
```

总体来说，对于一个弹性容器，有以下几种属性可以设置，如表 9-1 所示。

表 9-1　弹性容器属性

属性	描述
flex-direction	指定弹性容器中子元素排列方式
flex-wrap	设置弹性盒的子元素超出父容器时是否换行
flex-flow	flex-direction 和 flex-wrap 的简写
align-items	设置弹性盒元素在交叉轴方向上的对齐方式
align-content	修改 flex-wrap 属性的行为，类似 align-items，但不是设置子元素对齐，而是设置行对齐
justify-content	设置弹性盒元素在主轴方向上的对齐方式

9.3　弹性元素

为了更好地控制弹性元素的显示，可以对弹性元素的以下几种属性进行更改。在考虑对属性进行更改之前，首先要明白什么是可用空间（Available Space），因为以下的前三个重要属性的主要作用就是对可用空间进行更改。如图 9-6 所示，当一个容器承载三个宽度为 100px 的元素时，可用空间即为 200px。

在对 flex 的三个属性进行更改的时候，本质上就是控制可用空间在这几个元素之间的分配。在理解了这一点之后，具体研究这些元素。

（1）flex-basis

flex-basis 属性定义了这个子元素的空间大小，该属性的默认值是 auto，如果元素设定了宽度的话，flex-

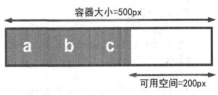

图 9-6　可用空间示例

basis 的值将会为它的宽度，如图 9-6 中，由于元素 a 设定了宽度为 100px，则它的 flex-basis 值即为 100px。

若将 flex-basis 和 width 一起设置，则 flex-basis 会决定元素宽度的最小值，width 则会决定元素宽度的最大值。

（2）flex-grow

flex-grow 属性的默认值为 0，也就是不支持扩展。若设置为正整数（不支持负值），则会以 flex-basis 为基础沿主轴方向增长并且占据可用空间。

flex-grow 允许元素按照比例来分配空间。如果第一个元素的 flex-grow 值为 1，第二个为 2，第三个为 1，则第二个元素将会占可用 2/4 的空间，另外的元素则会占据 1/4 的空间。

（3）flex-shrink

flex-shrink 与 flex-grow 相对，主要用来处理弹性元素在主轴上收缩的问题，它的默认值为 1。如果弹性容器中排列弹性元素的空间不足，则可以将 flex-shrink 属性设置为正整数，这样它所占有的空间就会缩小到 flex-basis 以下。它和 flex-grow 一样，也是按比例缩小的，数值越大，这个元素收缩的程度越大。

（4）flex

flex 属性是 flex-grow、flex-shrink 和 flex-basis 属性的简写，相比于三个属性分别使用，我们在开发的时候更倾向于使用单独的 flex 属性来制定其他三个属性。

```css
.flex-container .flex-item {
    flex: flex-grow flex-shrink flex-basis | auto | initial | inherit;
}
```

flex 有几个预定义的属性如下：

- initial：相当于 0 1 auto，flex 元素尺寸不会超过 flex-basis，但是会收缩来防止元素溢出。
- auto：相当于 1 1 auto，与 initial 唯一的不同是，它可以拉伸也可以收缩。
- none：相当于 0 0 auto，它是不可伸缩的。
- 正整数：相当于 1 1 0，可以在 flex-basis 为 0 的基础上进行伸缩。

在具体使用过程中，如下代码所示，可以使用一个、两个或三个值来指定 flex 属性。

```css
/* 关键字值 */
flex: auto;
flex: initial;
flex: none;

/* 一个值，无单位数字: flex-grow */
flex: 2;

/* 一个值, width/height: flex-basis */
flex: 10em;
flex: 30px;
flex: min-content;

/* 两个值: flex-grow | flex-basis */
flex: 1 30px;

/* 两个值: flex-grow | flex-shrink */
flex: 2 2;

/* 三个值: flex-grow | flex-shrink | flex-basis */
flex: 2 2 10%;
```

```
/*全局属性值 */
flex: inherit;
flex: initial;
flex: unset;
```

1）单值语法：值必须为以下其中之一，一个无单位数(<number>): 它会被当作 flex: <number> 1 0; <flex-shrink>的值被假定为 1，<flex-basis> 的值被假定为 0；一个有效的宽度（width）值：它会被当作 <flex-basis>的值。关键字 none、auto 或 initial。

2）双值语法：第一个值必须为一个无单位数，并且它会被当作 <flex-grow> 的值。第二个值必须为以下之一：一个无单位数：它会被当作 <flex-shrink> 的值；一个有效的宽度值: 它会被当作 <flex-basis> 的值。

3）三值语法：第一个值必须为一个无单位数，并且它会被当作 <flex-grow> 的值。第二个值必须为一个无单位数，并且它会被当作 <flex-shrink> 的值。第三个值必须为一个有效的宽度值，并且它会被当作 <flex-basis> 的值。

（5）order

order 的值为一个数值，可以用来决定弹性元素的排列顺序，数值越小越靠前。

（6）align-self

align-self 属性可以为子元素单独设置对齐方式，默认值是 auto，它的优先级高于父容器的 align-items，所以会替代掉父容器的值。但是如果 align-self 和父容器的 align-content 同时存在，则会采用父容器的 align-content 值。

```
.flex-container {
    align-items: auto | flex-start | flex-end | center | baseline | stretch;
}
```

其中 align-self 的取值如表 9-2 所示。

表 9-2　弹性元素属性

属性	描述
order	设置弹性盒的子元素排列顺序
flex-grow	设置或检索弹性盒元素的扩展比率
flex-shrink	指定了 flex 元素的收缩规则。flex 元素仅在默认宽度之和大于容器的时候才会发生收缩，其收缩的大小是依据 flex-shrink 的值
flex-basis	用于设置或检索弹性盒伸缩基准值
flex	设置弹性盒的子元素如何分配空间
align-self	在弹性元素上使用。覆盖容器的 align-items 属性

9.4　弹性盒的典型示例

在现实中，为了便于对齐，我们通常会选择用 flexbox 作为替代品来完成比使用 Grid 布局更好的效果。一旦盒子对齐（Box Alignment）被盒模型所实行，这种情况就会得到改善。接下来介绍一些现在使用 flexbox 的典型示例。

9.4.1　导航

导航的一个常见特征，就是使用水平条的样式去呈现一系列元素。看起来很简单，但是在

flexbox 出现之前却是很难实现的。它是一个最简单的 flexbox 示例，可以被看成是 flexbox 理想的使用场景。当有一组元素需要水平排列展示，很可能在末尾会多出一些空间。我们需要决定如何去处理这些额外的空间，通常有多种不同的方案。我们要么在元素外部展示这些空间即使用间距或包裹的方式来分隔开不同元素，要么将空间吸收至元素内部即需要一个方法来允许元素拉伸以占满额外空间。导航展示的代码见代码 9-1。

代码 9-1

```
<!DOCTYPE html>
<html>
<head>
  <meta charset="utf-8">
  <title></title>
  <style type="text/css">
    nav ul {
      display: flex;
      justify-content: space-between;
    }
  </style>
</head>
<body>
  <nav>
    <ul>
    <li><a href="#">Page 1</a></li>
    <li><a href="#">Page 2</a></li>
    <li><a href="#">Page 3 is longer</a></li>
    <li><a href="#">Page 4</a></li>
    </ul>
  </nav>
</body>
</html>
```

代码中，各元素都展示为其自身的宽度，通过使用 justify-content: space-between 使元素之间拥有相同的空间。导航展示效果如图 9-7 所示。

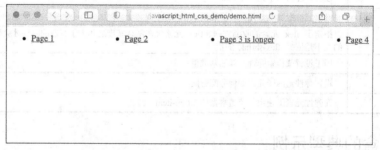

图 9-7　导航展示效果图

9.4.2　拆分导航

另一种在主轴上对齐元素的方式就是使用自动边距。这种方式将创造出一部分元素左对齐，而另一部分右对齐的导航栏设计。所有的元素在主轴上按照弹性盒布局的默认设定 flex-start 进行对齐，同时给那个需要右对齐的元素添加 margin-left: auto; 样式。拆分导航见代码 9-2。

代码 9-2

```html
<!DOCTYPE html>
<html>
<head>
  <meta charset="utf-8">
  <title></title>
  <style type="text/css">
    nav ul {
      display: flex;
      margin: 0 -10px;
    }
    nav li {
      margin: 0 10px;
    }
    .push-right {
      margin-left: auto;
    }
  </style>
</head>
<body>
  <nav>
    <ul>
    <li><a href="#">Page 1</a></li>
    <li><a href="#">Page 2</a></li>
    <li><a href="#">Page 3 is longer</a></li>
    <li class="push-right"><a href="#">Page 4</a></li>
    </ul>
  </nav>
</body>
</html>
```

拆分展示效果如图 9-8 所示。

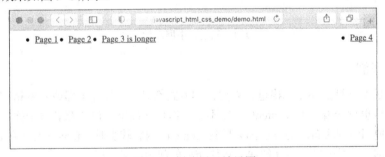

图 9-8 拆分展示效果图

9.4.3 元素居中

在弹性盒布局到来之前，网页设计中最难的部分是垂直居中。现在使用弹性盒布局中的对齐属性，这会变得很简单，如代码 9-3 所示。也可以修改对齐方式，用 flex-start 使元素对齐到交叉轴的开始处或者用 flex-end 使元素对齐到交叉轴的结束处。

代码 9-3

```html
<!DOCTYPE html>
```

101

```
<html>
<head>
 <meta charset="utf-8">
 <title></title>
 <style type="text/css">
  .box {
    display: flex;
    align-items: center;
    justify-content: center;
  }
  .box div {
    width: 100px;
    height: 100px;
  }
 </style>
</head>
<body>
 <div class="box">
   <div></div>
 </div>
</body>
</html>
```

元素居中展示效果如图 9-9 所示。

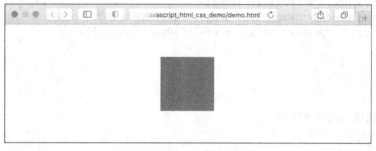

图 9-9　元素居中展示效果图

9.4.4　绝对底部

不管使用的是弹性盒还是网格进行布局，其方式都只对弹性盒容器或者网格容器的（直接）子元素生效。这也意味着即使 content 长度不定，组件在高度上仍会充满整个弹性盒容器或者网格容器。任何使用常规块布局的方法都会导致 content 内容较少时，footer 上升到 content 下方而不是容器的底部。但是弹性盒就能解决常规块布局的问题，见代码 9-4。

代码 **9-4**

```
<!DOCTYPE html>
<html>
<head>
 <meta charset="utf-8">
 <title></title>
 <style type="text/css">
 .cards {
   display: grid;
```

```
      grid-template-columns: repeat(auto-fill,minmax(200px,1fr));
      grid-gap: 10px;
    }
    .card {
      display: flex;
      flex-direction: column;
      border: 1px solid;
    }
    .card .content {
      flex: 1 1 auto;
    }
    </style>
  </head>
  <body>
    <div class="cards">
      <div class="card">
        <div class="content">
          <p>卡片内容较少。</p>
        </div>
        <footer>卡片底部</footer>
      </div>
      <div class="card">
        <div class="content">
          <p>这个卡片有很多内容。这个卡片有很多内容。这个卡片有很多内容。这个卡片有很多内
容。这个卡片有很多内容。这个卡片有很多内容。这个卡片有很多内容。</p>
        </div>
        <footer>卡片底部</footer>
      </div>
    </div>
  </body>
</html>
```

绝对底部展示效果如图 9-10 所示。

图 9-10　绝对底部展示效果图

9.4.5　媒体对象

　　媒体对象是网页设计中的常见模式，这种模式下，一侧具有图片或其他元素，另一侧具有文本。理想情况下，媒体对象应该可以翻转：即把图片从左侧移动到右侧。这种模式随处可见，用于评论以及其他需要显示图片和描述的地方。使用 flexbox 可以允许包含图片的媒体对象部分从图片中获取其尺寸调整信息，并对媒体对象的主体进行弹性布局，以占用剩余空间，见代码 9-5。

代码 **9-5**

```
<!DOCTYPE html>
<html><head>
  <meta charset="utf-8">
  <style type="text/css">
  img {
    width: 200px;
    height: 200px;
    background: gray;
  }
  .media {
    display: flex;
    align-items: flex-start;
  }
  .media .content {
    flex: 1;
    padding: 10px;
  }
  </style>
</head>
<body>
  <div class="media">
    <div class="image"><img src="MDN.svg" alt="logo"></div>
    <div class="content">This is the content of my media object. Items directly
inside the flex container will be aligned to flex-start.</div>
  </div>
</body></html>
```

媒体对象展示效果如图 9-11 所示。

图 9-11　媒体对象展示效果图

思考题

1. 实现内容对齐的方式都有哪些？具体描述。
2. 弹性盒布局的优缺点有哪些？
3. 假如让你设计一个移动端页面，你会怎么设计？

第 10 章
CSS 定位

第 9 章讲述了盒子模型的使用，这样可以创造出一个个如同盒子一样的控件，控件内部的样式就完成了。那么接下来需要解决元素之间即"盒子"之间的相对位置关系，那么就要利用到 CSS 提供的设置元素定位的功能。主要通过 Position、Float 和 Align 来完成元素间的相对定位。

10.1   Position 属性

Position 属性指定了元素的定位类型。Position 属性的 5 个值：

- static。
- fixed。
- relative。
- absolute。
- sticky。

元素可以使用的有顶部、底部、左侧和右侧属性定位。然而，默认情况下这些属性无法工作，除非是先设定 Position 属性。它们也有不同的工作方式，这取决于定位方法。

10.1.1   static 定位

HTML 元素定位的默认值，即没有定位，元素出现在正常的流中。静态定位的元素不会受到 top、bottom、left、right 影响。

10.1.2   fixed 定位

元素会被移出正常文档流，并不为元素预留空间，而是通过指定元素相对于屏幕视口（Viewport）的位置来指定元素位置。元素的位置在屏幕滚动时不会改变。打印时，元素会出现在每页的固定位置。Position 属性设为 fixed 时会创建新的层叠上下文。当元素祖先的 transform、perspective 或 filter 属性非空时，容器由视口改为该祖先。

```
p.pos_fixed {
    position:fixed;
    top:30px;
    right:5px;
}
```

fixed 定位使元素的位置与文档流无关，因此不占据空间。fixed 定位的元素和其他元素重叠。

10.1.3　relative 定位

相对（relative）定位元素的定位是相对其正常位置。

```
h2.pos_left {
    position:relative;
    left:-20px;
}
h2.pos_right {
    position:relative;
    left:20px;
}
```

可以移动的相对定位元素的内容和相互重叠的元素，它原本所占的空间不会改变。

```
h2.pos_top {
    position:relative;
    top:-50px;
}
```

相对定位元素经常被用来作为绝对定位元素的容器块。

10.1.4　absolute 定位

绝对（absolute）定位的元素的位置相对于最近的已定位的父元素，如果元素没有已定位的父元素，那么它的位置相对于<html>标签。

```
h2 {
    position:absolute;
    left:100px;
    top:150px;
}
```

absolute 定位使元素的位置与文档流无关，因此不占据空间。absolute 定位的元素和其他元素重叠。

10.1.5　sticky 定位

sticky 定位可以被认为是相对定位和绝对定位的混合。元素在跨越特定阈值前为相对定位，之后为绝对定位。

```
h2.pos_sticky {
    position:sticky;
    top: 10px;
}
```

sticky 定位使得元素在向上滑动时，开始时是 relative 效果，当其滑动到距最近 relative 父元素 top 为 10px 时，开始呈现为 absolute 效果。

10.1.6　重叠的元素

元素的定位与文档流无关，所以它们可以覆盖页面上的其他元素。z-index 属性指定了一个元素的堆叠顺序（哪个元素应该放在前面，或后面）。一个元素可以有正数或负数的堆叠顺序：

```
img
{
```

```
    position:absolute;
    left:0px;
    top:0px;
    z-index:-1;
}
```

具有更高堆叠顺序的元素总是在较低堆叠顺序的元素的前面。如果两个定位元素重叠，没有指定 z - index，最后定位在 HTML 代码中的元素将被显示在最前面。

10.1.7　CSS Position 属性总结

所有主流浏览器都支持 Position 属性。Position 属性规定元素的定位类型，影响元素框生成的方式。

（1）可能的值

CSS Position 可能的值见表 10-1。

表 10-1　CSS Position 可能的值

值	描　　述
absolute	1. 生成绝对定位的元素，相对于 static 定位以外的第一个父元素进行定位，如果不存在这样的父元素，则依据最初的包含块。根据用户代理的不同，最初的包含块可能是画布或 HTML 元素。 2. 元素的位置通过 "left"、"top"、"right" 以及 "bottom" 属性进行规定，也可以通过 z-index 进行层次分级。 3. 元素框从文档流完全删除，并相对于其包含块定位。包含块可能是文档中的另一个元素或者是初始包含块。元素原先在正常文档流中所占的空间会关闭，就好像元素原来不存在一样。元素定位后生成一个块级框，而不论原来它在正常流中生成何种类型的框
fixed	1. 生成固定 / 绝对定位的元素，相对于浏览器窗口进行定位。 2. 元素的位置通过 "left"、"top"、"right" 以及 "bottom" 属性进行规定。 3. 元素框的表现类似于将 Position 设置为 absolute，不过其包含块是窗口本身
relative	1. 生成相对定位的元素，相对于其正常位置进行定位。 2. 因此，"left:20" 会向元素的 left 位置添加 20 像素。 3. 相对定位实际上被看作普通流定位模型的一部分，因为元素的位置相对于它在普通流中的位置，元素框偏移某个距离。元素仍保持其未定位前的形状，仍保留原本所占的空间
static	1. 默认值。没有定位，元素出现在正常的流中（忽略 top、bottom、left、right 或者 z-index 声明，即上述声明无效）。 2. 元素框正常生成。块级元素生成一个矩形框，作为文档流的一部分，行内元素则会创建一个或多个行框，置于其父元素中
sticky	1. 该元素并不脱离文档流，仍然保留元素原本在文档流中的位置。 2. 当元素在容器中被滚动超过指定的偏移值时，元素在容器内固定在指定位置。 3. 元素固定的相对偏移是相对于离它最近的具有滚动框的祖先元素，如果祖先元素都不可以滚动，那么是相对于 viewport 来计算元素的偏移量
inherit	规定应该从父元素继承 position 属性的值

（2）CSS 定位属性

CSS 定位属性允许对元素进行定位，见表 10-2。

表 10-2　CSS 定位属性

属　　性	描　　述
Position	把元素放置到一个静态的、相对的、绝对的或固定的位置中
top	定义了定位元素上外边距边界与其包含块上边界之间的偏移
right	定义了定位元素右外边距边界与其包含块右边界之间的偏移
bottom	定义了定位元素下外边距边界与其包含块下边界之间的偏移
left	定义了定位元素左外边距边界与其包含块左边界之间的偏移

（续）

属 性	描 述
overflow	设置当元素的内容溢出其区域时发生的事情
clip	设置元素的形状。元素被剪入这个形状之中，然后显示出来
vertical-align	设置元素的垂直对齐方式
z-index	设置元素的堆叠顺序

10.1.8　Position 实例

下面的实例展示利用 Position 属性设置一个 div 元素，让一个 p 标签能够显示在其上方。由于其 absolute 属性值，让 div 紧贴父控件（html）。代码见代码 10-1。

代码 10-1

```
<!DOCTYPE html>
<html>
<head>
<meta charset="utf-8">
<title>Position Example</title>
<style>
div
{
  background:yellow;
  position:absolute;
  left:0px;
  top:0px;
  z-index:-1;
}
</style>
</head>

<body>
<h1>This is a heading</h1>
<div width="100" height="140" />
<p>因为图像元素设置了 z-index 属性值为 -1，所以它会显示在文字之后。</p>
</body>
</html>
```

显示效果如图 10-1 所示。

图 10-1　Position 属性显示效果

10.2　Float 属性

Float 属性定义元素的浮动方向。以往这个属性应用于图像，使文字环绕在图像周围，不过在 CSS 中，任何元素都是可以浮动。浮动元素会生成一个块级框，而不论它本身是什么元素。

10.2.1　CSS Float（浮动）

CSS 的 Float（浮动），会使元素向左或向右移动，其周围的元素也会重新排列。

Float（浮动），往往是用于图像，但它在布局时一样非常有用。

10.2.2　元素怎样浮动

元素的水平方向浮动，意味着元素只能左右移动而不能上下移动。

一个浮动元素会尽量向左或向右移动，直到它的外边缘碰到包含框或另一个浮动框的边框为止。

浮动元素之后的元素将围绕它。浮动元素之前的元素将不会受到影响。如果图像是右浮动，下面的文本流将环绕在它的左边：

```
img { float:right; }
```

10.2.3　彼此相邻的浮动元素

把几个浮动的元素放到一起，如果有空间的话，它们将彼此相邻。在这里，我们对图像使用 Float 属性：

```
.thumbnail { float:left; width:110px; height:90px; margin:5px; }
```

10.2.4　清除浮动使用 clear

元素浮动之后，周围的元素会重新排列，为了避免这种情况，使用 clear 属性。

clear 属性指定元素两侧不能出现浮动元素。可以使用 clear 属性往文本中添加图像：

```
.text_line { clear:both; }
```

10.2.5　CSS 中所有的浮动属性

"CSS" 列中的数字表示不同的 CSS 版本（CSS1 或 CSS2）。该浮动属性见表 10-3。

表 10-3　CSS 浮动属性

属性	描述	值	CSS
clear	指定不允许元素周围有浮动元素	left right both none inherit	1
float	指定一个盒子（元素）是否可以浮动	left right none inherit	1

10.2.6　浮动的影响

在使用 float 布局后，主要会产生以下三个副作用，因此在使用的过程中需要格外重视。

1）对附近的元素布局造成改变，使得布局混乱。

2）浮动后的元素可以设置宽度和高度等，也就是说元素浮动后会变成块级元素，元素变成 inline-block 类型的元素，即同时拥有块级与行内元素的特征。

3）因为浮动元素脱离了普通流，会出现一种高度坍塌的现象：原来的父容器高度是当前元素 A 撑开的，但是当 A 元素浮动后，其脱离普通流浮动起来，那父容器的高度就坍塌了（前提是父容器高度小于 A 元素的高度）。

10.2.7　Float 实例

下面的实例展示如何使用 Float 属性让段落的第一个文字大写。代码见代码 10-2。

代码 10-2

```
<!DOCTYPE html>
<html>
<head>
<meta charset="utf-8">
<title>Float Example</title>
<style>
span
{
  float:left;
  width:1.2em;
  font-size:400%;
  font-family:algerian,courier;
  line-height:80%;
}
</style>
</head>

<body>
<p>
<span>这</span>是一些文本。
这是一些文本。这是一些文本。
这是一些文本。这是一些文本。这是一些文本。
这是一些文本。这是一些文本。这是一些文本。
这是一些文本。这是一些文本。这是一些文本。
这是一些文本。这是一些文本。这是一些文本。
这是一些文本。这是一些文本。这是一些文本。
这是一些文本。这是一些文本。这是一些文本。
</p>

<p>
在上面的段落中，第一个字嵌入在 span 元素中。
这个 span 元素的宽度是当前字体大小的 1.2 倍。
这个 span 元素是当前字体的 400%(相当大)， line-height 为 80%。
文字的字体为"Algerian"。
</p>
</body>
</html>
```

代码中利用 float:left 设置其相邻的元素（span 相邻的元素为 p）左对齐，形成了图 10-2 所示的效果。

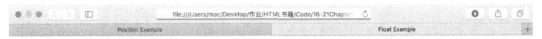

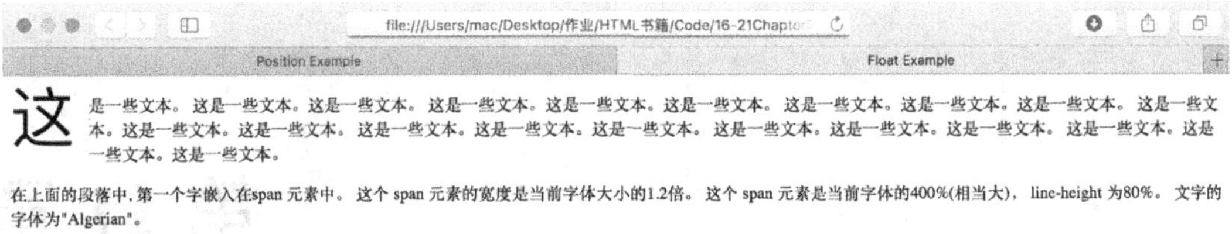

file:///Users/mac/Desktop/作业/HTML书籍/Code/16-21Chapto
Position Example
Float Example
这是一些文本。 这是一些文本。这是一些文本。 这是一些文本。这是一些文本。这是一些文本。 这是一些文本。这是一些文本。这是一些文本。 这是一些文本。这是一些文本。这是一些文本。 这是一些文本。这是一些文本。这是一些文本。 这是一些文本。这是一些文本。这是一些文本。 这是一些文本。这是一些文本。这是一些文本。
在上面的段落中，第一个字嵌入在span 元素中。 这个 span 元素的宽度是当前字体大小的1.2倍。 这个 span 元素是当前字体的400%(相当大)， line-height 为80%。 文字的字体为"Algerian"。

图 10-2　float 效果

10.3　Align 属性

相对于 Position 和 Float 属性，Align 属性是一种非常简单的定位方式。

（1）定义和用法

Align 属性规定 div 元素中的内容的水平对齐方式。

（2）浏览器支持

所有浏览器都支持 Align 属性。

（3）语法

```
<div align="value">
```

（4）属性值

CSS Align 属性值见表 10-4。

表 10-4　CSS Align 属性值

值	描述
left	左对齐内容
right	右对齐内容
center	居中对齐内容
justify	对行进行伸展，这样每行都可以有相等的长度（就像在报纸和杂志中）

（5）实例

文档中的一个部分居中对齐，代码如下：

```
<div align="center">
  This is some text!
</div>
```

思考题

1．CSS 有几种定位属性？
2．什么是 CSS Float 属性，它有什么功能？
3．什么是 CSS Align 属性，它有什么功能？

第11章
CSS3 动画及响应式

通过 CSS3，我们能够创建动画，这可以在许多网页中取代动画图片、Flash 动画以及 JavaScript 动画脚本。

11.1 CSS3 中的动画

动画是使元素从一种样式逐渐变化为另一种样式的效果。可以改变任意多的样式、任意多的次数。可以用百分比来规定变化发生的时间，或用关键词"from"和"to"，等同于 0% 和 100%。0%是动画的开始，100%是动画的完成。为了得到最佳的浏览器支持，应该始终定义 0% 和 100%选择器。

下面的实例动画为 25%及 50%时改变背景色，然后当动画 100%完成时再次改变，代码如下：

```
@keyframes myfirst {
  0%    {background: red;}
  25%   {background: yellow;}
  50%   {background: blue;}
  100%  {background: green;}
}

@-moz-keyframes myfirst { /* Firefox */
  0%    {background: red;}
  25%   {background: yellow;}
  50%   {background: blue;}
  100%  {background: green;}
}

@-webkit-keyframes myfirst { /* Safari 和 Chrome */
  0%    {background: red;}
  25%   {background: yellow;}
  50%   {background: blue;}
  100%  {background: green;}
}

@-o-keyframes myfirst { /* Opera */
  0%    {background: red;}
  25%   {background: yellow;}
  50%   {background: blue;}
```

```
   100% {background: green;}
}
```

下面给出一个可以同时改变背景色和位置的动画:

```
@keyframes myfirst {
  0%   {background: red; left:0px; top:0px;}
  25%  {background: yellow; left:200px; top:0px;}
  50%  {background: blue; left:200px; top:200px;}
  75%  {background: green; left:0px; top:200px;}
  100% {background: red; left:0px; top:0px;}
}

@-moz-keyframes myfirst { /* Firefox */
  0%   {background: red; left:0px; top:0px;}
  25%  {background: yellow; left:200px; top:0px;}
  50%  {background: blue; left:200px; top:200px;}
  75%  {background: green; left:0px; top:200px;}
  100% {background: red; left:0px; top:0px;}
}

@-webkit-keyframes myfirst { /* Safari 和 Chrome */
  0%   {background: red; left:0px; top:0px;}
  25%  {background: yellow; left:200px; top:0px;}
  50%  {background: blue; left:200px; top:200px;}
  75%  {background: green; left:0px; top:200px;}
  100% {background: red; left:0px; top:0px;}
}

@-o-keyframes myfirst { /* Opera */
  0%   {background: red; left:0px; top:0px;}
  25%  {background: yellow; left:200px; top:0px;}
  50%  {background: blue; left:200px; top:200px;}
  75%  {background: green; left:0px; top:200px;}
  100% {background: red; left:0px; top:0px;}
}
```

11.2　CSS3 @keyframes 规则

如需在 CSS3 中创建动画,需要学习@keyframes 规则。@keyframes 规则用于创建动画。在@keyframes 中规定某项 CSS 样式,就能创建由当前样式逐渐改为新样式的动画效果。

当在@keyframes 中创建动画时,需要把它捆绑到某个选择器,否则不会产生动画效果。通过规定至少以下两项 CSS3 动画属性,即可将动画绑定到选择器:

1)规定动画的名称。

2)规定动画的时长。

把 "myfirst" 动画捆绑到 div 元素,时长: 5 秒 (s):

```
Div {
  animation: myfirst 5s;
  -moz-animation: myfirst 5s;  /* Firefox */
  -webkit-animation: myfirst 5s;     /* Safari 和 Chrome */
```

```
    -o-animation: myfirst 5s;     /* Opera */
}
```

注意：必须定义动画的名称和时长。如果忽略时长，则动画不会允许，因为默认值是 0。

@keyframes 实例完整代码见代码 11-1。

代码 11-1

```
<!DOCTYPE html>
<html>
<head>
<style>
div
{
width:100px;
height:100px;
background:red;
animation:myfirst 5s;
-moz-animation:myfirst 5s; /* Firefox */
-webkit-animation:myfirst 5s; /* Safari and Chrome */
-o-animation:myfirst 5s; /* Opera */
}

@keyframes myfirst
{
from {background:red;}
to {background:yellow;}
}

@-moz-keyframes myfirst /* Firefox */
{
from {background:red;}
to {background:yellow;}
}

@-webkit-keyframes myfirst /* Safari and Chrome */
{
from {background:red;}
to {background:yellow;}
}

@-o-keyframes myfirst /* Opera */
{
from {background:red;}
to {background:yellow;}
}
</style>
</head>
<body>

<div></div>
```

```
<p><b>注释: </b>本例在 Internet Explorer 中无效。</p>

</body>
</html>
```

随着时间的变化，可以发现网页中的 div 元素的颜色在逐渐变化。不同时间的动画渐变效果见图 11-1、图 11-2、图 11-3。

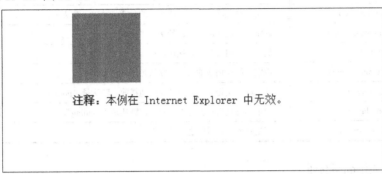

图 11-1　第 0 秒动画

图 11-2　第 2 秒动画

图 11-3　第 5 秒动画

11.3　CSS3 动画属性

表 11-1 列出了 @keyframes 规则和所有动画属性。

表 11-1　CSS3 动画属性

属性	描述	CSS
@keyframes	规定动画	3
animation	所有动画属性的简写属性，除了 animation-play-state 属性	3
animation-name	规定 @keyframes 动画的名称	3
animation-duration	规定动画完成一个周期所花费的秒或毫秒数。默认是 0	3
animation-timing-function	规定动画的速度曲线。默认是"ease"	3
animation-delay	规定动画何时开始。默认是 0	3
animation-iteration-count	规定动画被播放的次数。默认是 1	3
animation-direction	规定动画是否在下一周期逆向地播放。默认是"normal"	3
animation-play-state	规定动画是否正在运行或暂停。默认是"running"	3
animation-fill-mode	规定对象动画时间之外的状态	3

11.4　CSS 动画实例

下面的例子运行名为 myfirst 的动画，同时使用了简写的动画 animation 属性，代码见代码 11-2。

代码 11-2

```
<!DOCTYPE html>
<html>
<head>
    <style>
        div {
                width: 100px;
                height: 100px;
                background: red;
                position: relative;
                animation: myfirst 5s linear 2s infinite alternate;
        }
        @keyframes myfirst {
                0%   {background: red; left: 0px; top: 0px;}
                25%  {background: yellow; left: 200px; top: 0px;}
                50%  {background: blue; left: 200px; top: 200px;}
                75%  {background: green; left: 0px; top: 200px;}
                100% {background: red; left: 0px; top: 0px;}
        }
    </style>
</head>
<body>
 <p><b>注释：</b>本例在 Internet Explorer 中无效。</p>
 <div></div>
</body>
```

可以发现，div 元素按照代码 11-2 中 myfirst 规定的运行方式展示了 CSS 动画。动画效果见图 11-4、图 11-5。

116

图 11-4　初始化动画

图 11-5　动画效果

11.5　响应式简介

响应式布局，是很流行的一个设计理念，随着移动互联网的盛行，为解决如今各式各样的浏览器分辨率以及不同移动设备的显示效果，设计师提出了响应式布局的设计方案。接下来的内容包含什么是响应式布局、响应式布局的优点和缺点以及响应式布局该怎么设计（通过 CSS3 Media Query 实现响应布局）。

（1）响应式布局的优点

面对不同分辨率的设备灵活性强，能够快捷地解决多设备显示适应问题，根据不同的显示器调整设计最适合用户浏览习惯的页面。

（2）响应式布局的缺点

兼容各种设备工作量大，效率低下。代码累赘，会出现隐藏无用的元素，加载时间加长，其实这是一种折中性质的设计解决方案，多方面因素影响而达不到最佳效果，一定程度上改变了网站原有的布局结构，会出现用户混淆的情况。

（3）响应式布局的运用方法

1）Media Query：通过不同的媒体类型和条件定义样式表规则。媒体查询让 CSS 可以更精确作用于不同的媒体类型和同一媒体的不同条件。

2）语法结构及用法：

```
@media 设备名 only (选取条件) not (选取条件) and(设备选取条件)，设备规则 {sRules}
在 link 中使用@media：
<link rel="stylesheet" href="1.css" media="screen and (min-width:1000px)">
在样式表中内嵌@media：
```

```
@media  screen and (min-width: 600px) {
    .one{
        border:1px solid red;
        height:100px;
        width:100px;
    }
}
```

通过上面代码可知：它是通过@media 媒介查询判断来执行的 CSS 样式，也就是说：如果我要做一个响应式布局网站，同时兼容手机、平板、PC 的话，就得写三个与之对应的 CSS 样式，通过@media 媒介查询来完成响应式布局。

值得注意的是：在手机设备上，我们要禁止用户来缩放屏幕。不禁止的话，可能在显示上会造成错位，以及显示的不是手机网站的样式。所以，我们要通过代码来禁止用户在手机端上缩放屏幕，以达到正常的手机网站效果。

禁止代码如下：

```
<meta name="viewport" content="width=device-width; initial-scale=1.0">
```

加在头部（head）标签里。

11.6　Viewpoint

设置 Viewpoint 可以根据设备宽度来调整页面，达到适配终端大小的效果。

（1）什么是 Viewport

Viewport 是用户网页的可视区域。Viewport 翻译为中文可以叫作"视口"。手机浏览器是把页面放在一个虚拟的"窗口"中，通常这个虚拟的"窗口"比屏幕宽，这样就不用把每个网页挤到很小的窗口中（这样会破坏没有针对手机浏览器优化的网页的布局），用户可以通过平移和缩放来查看网页的不同部分。

（2）设置 Viewport

一个常用的针对移动网页优化过的页面的 viewport meta 标签大致如下：

```
<meta name="viewport" content="width=device-width, initial-scale=1.0">
```

width：控制 viewport 的大小，可以指定的一个值，比如 600，或者特殊的值，如 device-width 为设备的宽度（单位为缩放 100%时的 CSS 的像素）。

height：和 width 相对应，指定高度。

initial-scale：初始缩放比例，也即是当页面第一次加载时的缩放比例。

maximum-scale：允许用户缩放到的最大比例。

minimum-scale：允许用户缩放到的最小比例。

user-scalable：用户是否可以手动缩放。

11.7　网格视图

很多网页都是基于网格设计的，这说明网页是按列来布局的。使用网格视图有助于设计网页，这让我们向网页添加元素变得更简单，如图 11-6 所示。

响应式网格视图通常是 12 列，宽度为100%，在浏览器窗口大小调整时会自动伸缩。

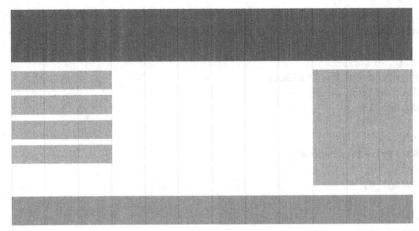

图 11-6　网格视图

接下来创建一个响应式网格视图。首先确保所有的 HTML 元素有 box-sizing 属性且设置为 border-box。确保边距和边框包含在元素的宽度和高度之间。添加如下代码：

```
* {
    box-sizing: border-box;
}
```

以下实例演示了简单的响应式网页，包含两列：

```
.menu {
    width: 25%;
    float: left;
}
.main {
    width: 75%;
    float: left;
}
```

以上实例包含两列。

12 列的网格系统可以更好地控制响应式网页。首先可以计算每列的百分比：100% / 12 列 = 8.33%。在每列中指定 class，class="col-" 用于定义每列有几个 span：

```
.col-1 { width: 8.33%;}
.col-2 {width: 16.66%;}
.col-3 {width: 25%;}
.col-4 {width: 33.33%;}
.col-5 {width: 41.66%;}
.col-6 {width: 50%;}
.col-7 {width: 58.33%;}
.col-8 {width: 66.66%;}
.col-9 {width: 75%;}
.col-10 {width: 83.33%;}
.col-11 {width: 91.66%;}
.col-12 {width: 100%;}
```

所有的列向左浮动，间距（Padding）为 15px。我们可以添加一些样式和颜色，让其更好看。

```
html {
    font-family: "Lucida Sans", sans-serif;
}
.header {
    background-color: #9933cc;
    color: #ffffff;
    padding: 15px;
}
.menu ul {
    list-style-type: none;
    margin: 0;
    padding: 0;
}
.menu li {
    padding: 8px;
    margin-bottom: 7px;
    background-color: #33b5e5;
    color: #ffffff;
    box-shadow: 0 1px 3px rgba(0,0,0,0.12), 0 1px 2px rgba(0,0,0,0.24);
}
.menu li:hover {
    background-color: #0099cc;
```

完整代码如代码 11-3 所示。

代码 11-3

```
<!DOCTYPE html>
<html>
<head>
<meta name="viewport" content="width=device-width, initial-scale=1.0">
<meta charset="utf-8">
<title>响应式实例</title>
<style>
* {
    box-sizing: border-box;
}
.row:after {
    content: "";
    clear: both;
    display: block;
}
[class*="col-"] {
    float: left;
    padding: 15px;
}
.col-1 {width: 8.33%;}
.col-2 {width: 16.66%;}
.col-3 {width: 25%;}
.col-4 {width: 33.33%;}
.col-5 {width: 41.66%;}
.col-6 {width: 50%;}
.col-7 {width: 58.33%;}
.col-8 {width: 66.66%;}
```

```
.col-9 {width: 75%;}
.col-10 {width: 83.33%;}
.col-11 {width: 91.66%;}
.col-12 {width: 100%;}
html {
    font-family: "Lucida Sans", sans-serif;
}
.header {
    background-color: #9933cc;
    color: #ffffff;
    padding: 15px;
}
.menu ul {
    list-style-type: none;
    margin: 0;
    padding: 0;
}
.menu li {
    padding: 8px;
    margin-bottom: 7px;
    background-color :#33b5e5;
    color: #ffffff;
    box-shadow: 0 1px 3px rgba(0,0,0,0.12), 0 1px 2px rgba(0,0,0,0.24);
}
.menu li:hover {
    background-color: #0099cc;
}
</style>
</head>
<body>

<div class="header">
<h1>Chania</h1>
</div>

<div class="row">

<div class="col-3 menu">
<ul>
<li>The Flight</li>
<li>The City</li>
<li>The Island</li>
<li>The Food</li>
</ul>
</div>

<div class="col-9">
<h1>The City</h1>
<p>Chania is the capital of the Chania region on the island of Crete. The city
can be divided in two parts, the old town and the modern city.</p>
<p>Resize the browser window to see how the content respond to the resizing.</p>
</div>
```

```
    </div>
  </body>
</html>
```

最终的响应式样例显示效果如图 11-7 所示。

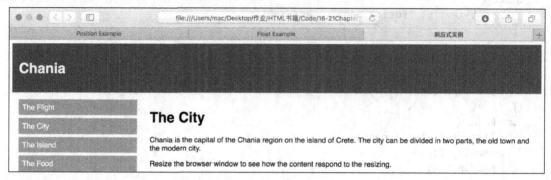

图 11-7　响应式样例显示效果

思考题

1. 谈谈对 CSS3 @keyframes 的理解。
2. CSS 动画属性中 animation-play-state 有什么含义？
3. 响应式网页的优缺点是什么？
4. 什么是 Viewport？

第 12 章
CSS 样例

在本章中，通过两个简单的例子，介绍在实际前端开发中，CSS 所发挥的作用和如何被使用的。

12.1 时钟

通过 CSS 和 HTML 实现一个时钟应用，时钟包含时针、分钟、秒针。

12.1.1 代码

该例为一个简单的时钟例子，通过 CSS 画出时钟效果，并控制时间更新。HTML 见代码 12-1，主要添加了时钟的主要组成部分。

代码 12-1

```html
<!DOCTYPE html>
<html>
  <head>
    <meta charset="utf-8" />
    <meta http-equiv="X-UA-Compatible" content="IE=edge">
    <meta name="viewport" content="width=device-width, initial-scale=1">
    <title>Clock</title>
    <link rel="stylesheet" href="./clock.css" />
  </head>
<body>
    <div class="clock center">
      <div class="knob center"></div>
      <div class="box seconds">
        <div class="arm second"></div>
      </div>
      <div class="box minutes">
        <div class="arm minute"></div>
      </div>
      <div class="box hours">
        <div class="arm hour"></div>
      </div>
      <div class="minute-lines">
        <div class="min-0 long dark"></div>
```

```
            <div class="min-1"></div>
            <div class="min-2"></div>
            <div class="min-3"></div>
            <div class="min-4"></div>
            <div class="min-5 dark"></div>
            <div class="min-6"></div>
            <div class="min-7"></div>
            <div class="min-8"></div>
            <div class="min-9"></div>
            <div class="min-10 dark"></div>
            <div class="min-11"></div>
            <div class="min-12"></div>
            <div class="min-13"></div>
            <div class="min-14"></div>
            <div class="min-15 long dark"></div>
            <div class="min-16"></div>
            <div class="min-17"></div>
            <div class="min-18"></div>
            <div class="min-19"></div>
            <div class="min-20 dark"></div>
            <div class="min-21"></div>
            <div class="min-22"></div>
            <div class="min-23"></div>
            <div class="min-24"></div>
            <div class="min-25 dark"></div>
            <div class="min-26"></div>
            <div class="min-27"></div>
            <div class="min-28"></div>
            <div class="min-29"></div>
        </div>
    </div>

    <script>
        /** 初始化时间  */
        var date = new Date();
        var seconds = date.getSeconds() * 6;
        var minutes = date.getMinutes() * 6 + seconds/60;
        var hours = (180 + date.getHours() % 12 * 30 + minutes / 15);
        document.querySelector(".box.seconds").style.transform = "rotate(" + (180 +
seconds) + "deg)";
        document.querySelector(".box.minutes").style.transform = "rotate(" + (180 +
minutes) + "deg)";
        document.querySelector(".box.hours").style.transform = "rotate(" + hours +
"deg)";
    </script>
    </body>
</html>
```

通过 HTML 画好了页面，但此时的页面并不好看，我们需要引入 CSS，让钟表样式显示正常，并且能够按照实际的时间进行更新显示。CSS 样式见代码 12-2。

代码 12-2

```
@keyframes rotateArms {
  from {
    transform: rotate(0);
  }
  to {
    transform: rotate(360deg);
  }
}

@-webkit-keyframes rotateArms {
  from {
    transform: rotate(0);
  }
  to {
    transform: rotate(360deg);
  }
}

@-moz-keyframes rotateArms {
  from {
    transform: rotate(0);
  }
  to {
    transform: rotate(360deg);
  }
}

.clock {
  width: 200px;
  height: 200px;
  box-shadow: 0px 0px 0px 10px #222;
  border-radius: 200px;
  position: relative;
}

.center,
.minute-lines>div {
  position: absolute;
  top: 50%;
  left: 50%;
  transform: translate(-50%, -50%);
}

.knob {
  width: 13.33333px;
  height: 13.33333px;
  background: #111;
  border-radius: 13.33333px;
  z-index: 4;
}
```

```
.arm {
  position: absolute;
  top: 50%;
  left: 50%;
  transform-origin: top left 0;
  z-index: 2;
  width: 0;
  animation: rotateArms linear 60s infinite;
  -webkit-animation: rotateArms linear 60s infinite;
  -moz-animation: rotateArms linear 60s infinite;
}

.minute.arm {
  height: 76.92308px;
  box-shadow: 0 0 0 2px #444;
  animation-duration: 3600s;
  -webkit-animation-duration: 3600s;
  -moz-animation-duration: 3600s;
}

.hour.arm {
  height: 55.55556px;
  box-shadow: 0 0 0 3.33333px #333;
  animation-duration: 43200s;
  -webkit-animation-duration: 43200s;
  -moz-animation-duration: 43200s;
}

.second.arm {
  height: 90.90909px;
  box-shadow: 0 0 0 1.33333px #a00;
}

.box {
  position: absolute;
  top: 0;
  left: 0;
  width: 100%;
  height: 100%;
}

.minute-lines>.min-0 {
  transform: rotate(0deg);
}

.minute-lines>.min-1 {
  transform: rotate(6deg);
}

.minute-lines>.min-2 {
  transform: rotate(12deg);
}
```

```css
.minute-lines>.min-3 {
  transform: rotate(18deg);
}

/* 此处类似的配置参考源码 */

.minute-lines>.min-27 {
  transform: rotate(162deg);
}

.minute-lines>.min-28 {
  transform: rotate(168deg);
}

.minute-lines>.min-29 {
  transform: rotate(174deg);
}

.minute-lines {
  width: 100%;
  height: 100%;
}

.minute-lines>div::before,
.minute-lines>div::after {
  content: "";
  position: absolute;
  width: 0px;
  height: 5px;
  top: 88.88889px;
  box-shadow: 0px 0px 0px 0.5px #000;
}

.minute-lines>div::after {
  bottom: 88.88889px;
  top: auto;
}

div.long::before,
div.long::after {
  height: 9.09091px;
  top: 84.4773px;
}

div.long::after {
  bottom: 84.4773px;
  top: auto;
}

div.dark::before,
div.dark::after {
  box-shadow: 0px 0px 0px 1px #000;
```

```
    }
```

12.1.2 代码说明与界面

在该例中，我们主要是通过 CSS 实现动画的，主要是通过 CSS3 的动画特性完成动画，首先定义了 keyframes，主要实现动画效果；然后定义了时、分、秒三个指针样式；定义不同分钟的指针所在位置；通过 animation 动画实现时钟效果，效果如图 12-1 所示。

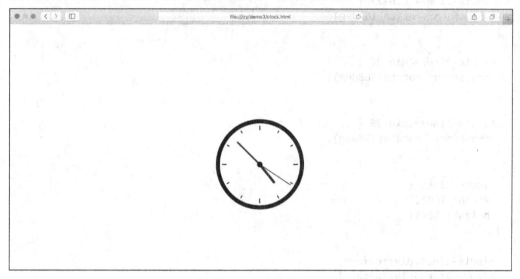

图 12-1　时钟效果

12.2　图片网站

本例实现一个图片预览的网站来了解网站开发的基本布局与方法。

12.2.1　代码

在实际应用中，使用 HTML/CSS/JavaScript 开发网站是非常常见的，在这个例子中简单实现一个图片预览网站，主要通过 CSS 控制页面布局和展示。HTML 见代码 12-3，CSS 样式见代码 12-4。

代码 12-3

```html
<!DOCTYPE html>
<html>
  <head>
    <title>图片集</title>
    <meta name="description" content="this is blog website" />
    <meta name="keywords" content="blog website" />
    <meta name="author" content="zy" />
    <meta http-equiv="X-UA-Compatible" content="IE=edge" />
    <meta name="viewport" content="width=device-width, initial-scale=1, shrink-to-fit=no" />
    <!-- Custom Styles -->
    <link rel="stylesheet" href="./src/custom.css" />
  </head>
```

```html
<body>
    <header class="nk-header nk-header-opaque">
      <nav class="nk-navbar nk-navbar-top">
        <div class="container">
          <div class="nk-nav-table">
            <a href="#" class="nk-nav-logo">
              <img src="./src/logo.svg" alt="" width="70" class="nk-nav-logo-img-
dark" />
              <img src="./src/logo-light.svg" alt="" width="70" class="nk-nav-
logo-img-light" />
            </a>
            <ul class="nk-nav nk-nav-right d-none d-lg-block " data-nav-
mobile="#nk-nav-mobile">
              <li class="active">
                <a href="#">Home</a></li>
              <li>
                <a href="#">About Me</a></li>
              <li>
                <a href="#">Portfolio</a></li>
              <li>
                <a href="#">Blog</a></li>
              <li>
                <a href="#">Contact</a></li>
            </ul>
          </div>
        </div>
      </nav>
    </header>
    <!-- START: Main Content Additional Classes: .nk-main-dark -->
    <div class="nk-main">
      <div class="container">
        <div class="nk-gap-4"></div>
        <h1 class="display-4 text-center">Travel &amp; Nature Photographer</h1>
        <div class="nk-heading-font text-center">I sat high in the mountains and
thought of all those ants that surrounded me.
          <br />Remember my friends, we must not allow the bees to disappear. </div>
        <div class="nk-gap-4"></div>
        <div class="nk-list" >
          <div style="background: url(assets/images/1.jpg)"></div>
          <div style="background: url(assets/images/2.jpg)"></div>
          <div style="background: url(assets/images/3.jpg)"></div>
          <div style="background: url(assets/images/4.jpg)"></div>
          <div style="background: url(assets/images/5.jpg)"></div>
          <div style="background: url(assets/images/6.jpg)"></div>
          <div style="background: url(assets/images/7.jpg)"></div>
          <div style="background: url(assets/images/8.jpg)"></div>
          <div style="background: url(assets/images/9.jpg)"></div>
        </div>
      </div>
    </div>
  </body>
</html>
```

129

代码 12-4

```css
/* 通用样式 */
* {
  margin: 0;
  padding: 0;
}
/* 页面样式 */
body {
  margin: auto;
  max-width: 1200px;
  min-width: 1000px;
  overflow: auto;
}

.text-center {
  text-align: center;
}
.nk-gap-4 {
  height: 80px;
}
.display-4 {
  font-family: "Playfair Display",serif;
  font-weight: 400;
  line-height: 1.25;
  color: #171717;
  font-size: 2.6rem;
}

.nk-header {
  position: relative;
  top: 0;
  right: 0;
  left: 0;
  z-index: 1000;
}

.nk-navbar {
  position: relative;
  padding: 33px 0;
  font-size: .96rem;
  transition: .2s background-color;
  z-index: 1000;
  will-change: background-color;
}

.nk-nav-logo {
  display: flex;
  flex: 0 0 auto;
  align-items: center;
}
.nk-nav-table {
```

```css
    flex-direction: row;
    align-items: center;
    display: flex;
    width: 100%;
    height: 100%;
}

.nk-nav {
    text-align: right;
    flex: 1 1 100%;
    margin: auto;
}
.nk-nav li {
    position: relative;
    display: inline-block;
    vertical-align: middle;
}
.nk-nav li a {
    position: relative;
    display: block;
    padding: 6px 14.6px;
    color: inherit;
    text-decoration: none;
    background-color: transparent;
    text-transform: uppercase;
}

.nk-heading-font {
    letter-spacing: .02em;
}

.nk-list {
    overflow: hidden;
    font-size: 0;
}

.nk-list>div {
    display: inline-block;
    width: 30%;
    height: 300px;
    background-size: cover !important;
    background-repeat: no-repeat !important;
    margin-bottom: 5%;
}

.nk-list>div:nth-child(3n + 2) {
    margin-right: 5%;
}

.nk-list>div:nth-child(3n + 1) {
    margin-right: 5%;
}
```

131

12.2.2 代码说明与界面

在这个例子中，我们采用上下结构布局，上面是导航，下面是图片描述和图片列表。效果均使用 CSS 样式控制。图片网站效果如图 12-2 所示。

图 12-2 图片网站效果

思考题

1. 尝试创建一个视频网站，能够单击播放视频。

第 13 章
JavaScript 介绍与基本概念

本章主要介绍 JavaScript 的定义和作用，以及它的历史背景、语言特点，以及使用的场景。为了更好地了解和使用 JavaScript，也简单介绍一些常见的 JavaScript 概念。

13.1 JavaScript 简介

JavaScript（JS）是一种轻量级解释型的，或是 JIT 编译型的程序设计语言，也是一种有头等函数 （First-class Function）的编程语言。虽然它是作为开发 Web 页面的脚本语言而出名的，但是在很多非浏览器环境中也使用 JavaScript，例如 node.js 和 Apache CouchDB。JS 是一种基于原型、多范式的动态脚本语言，并且支持面向对象、命令式和声明式（如函数式编程）编程风格。

为了更好地了解 JavaScript，我们需要思考以下六个问题：

1）JavaScript 是什么？

2）JavaScript 的用途是什么？

3）JavaScript 和 ECMAScript 的关系是什么？

4）JavaScript 由哪几部分组成？

5）JavaScript 的执行原理是怎样的？

6）在页面文件中是如何引入 JavaScript 文件的？

下面逐个分析和详解。

（1）JavaScript 是什么？

JavaScript 是一种 Web 前端的描述语言，也是一种基于对象（Object）和事件驱动（Event Driven）的、安全性好的脚本语言。它运行在客户端，从而减轻服务器的负担。

JavaScript 的特点如下：

● JavaScript 主要用来向 HTML 页面中添加交互行为。

● JavaScript 是一种脚本语言，语法和 C 系列语言的语法类似，属弱语言类型。

● JavaScript 一般用来编写客户端脚本，但也有例外，如 node.js 用来编写服务器端。

● JavaScript 是一种解释型语言，边执行边解释，无需另外编译。

（2）JavaScript 的用途是什么？

JavaScript 的用途是解决页面交互和数据交互，最终目的是丰富客户端效果以及数据的有效传递。

● 实现页面交互，提升用户体验，实现页面特效。即 JS 操作 HTML 的 DOM 结构或操作 CSS 样式。

● 客户端表单验证即在数据送达服务器端之前进行用户提交信息即时有效地验证，减轻服务器压力。即数据交互。

（3）JavaScript 和 ECMAScript 的关系是什么？

ECMAScript 是脚本程序设计语言的 Web 标准。

JavaScript 和 ECMAScript 的关系：

ECMAScript 是欧洲计算机制造商协会，基于美国网景通信公司 Netscape 发明的 JavaScript 和 Microsoft 公司随后模仿 JavaScript 推出 JScript 脚本语言制定的 ECMAScript 标准。

（4）JavaScript 由哪几部分组成？

JavaScript 组成见图 13-1。

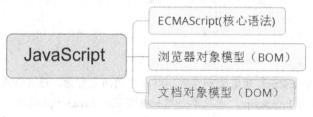

图 13-1　JavaScript 组成

（5）JavaScript 的执行原理是怎样的？

JavaScript 执行原理见图 13-2。

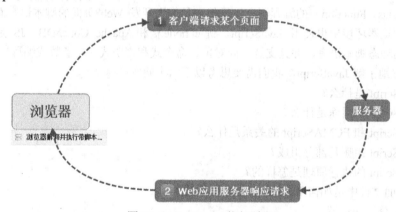

图 13-2　JavaScript 执行原理

（6）在页面文件中是如何引入 JavaScript 文件的？

● 使用<script>...</script>标签。

● 使用外部 JS 文件。

● 直接在 HTML 标签中。

使用<script>...</script>标签的语法：

```
<script type="text/JavaScript">
    <!--
        //javaScript 语句；
    -->
</script>
```

使用外部 JS 文件示例代码

```
<!DOCTYPE html>
<html>
```

```
    <body>
        <script src="myScript.js"></script>
    </body>
</html>
```

13.2　特点与应用场景

接下来简要介绍 JavaScript 这门语言的语言特点与应用场景。

13.2.1　特点

JavaScript 作为一种能在浏览器中广泛使用的语言，有着很明显的特点。

（1）一种解释性执行的脚本语言

同其他脚本语言一样，JavaScript 也是一种解释性语言，其提供了一个非常方便的开发过程。JavaScript 的语法基本结构形式与 C、C++、Java 十分类似。但在使用前，不像这些语言需要先编译，而是在程序运行过程中被逐行地解释。JavaScript 与 HTML 标识结合在一起，从而方便用户的使用操作。

（2）一种基于对象的脚本语言

其也可以被看作是一种面向对象的语言，这意味着 JavaScript 能运用其已经创建的对象。因此，许多功能可以来自于脚本环境中对象的方法与脚本的相互作用。

（3）一种简单弱类型脚本语言

其简单性主要体现在：首先，JavaScript 是一种基于 Java 基本语句和控制流之上的简单而紧凑的设计，对于使用者学习 Java 或其他 C 语系的编程语言是一种非常好的过渡，而对于具有 C 语系编程功底的开发者来说，JavaScript 上手也非常容易；其次，其变量类型是采用弱类型，并未使用严格的数据类型。

（4）一种相对安全脚本语言

在浏览器端，JavaScript 作为一种安全性语言，不被允许访问本地的硬盘，且不能将数据存入服务器，不允许对网络文档进行修改和删除，只能通过浏览器实现信息浏览或动态交互。从而有效地防止数据的丢失或对系统的非法访问。

（5）一种事件驱动脚本语言

JavaScript 对用户的响应，是以事件驱动的方式进行的。在网页（Web Page）中执行了某种操作所产生的动作，被称为"事件"（Event）。例如按下鼠标、移动窗口、选择菜单等都可以被视为事件。当事件被触发后，可能会引起相应的事件响应，执行某些对应的脚本，这种机制被称为"事件驱动"。

（6）一种跨平台性脚本语言

JavaScript 依赖于浏览器本身，与操作环境无关，只要计算机能运行浏览器，并支持 JavaScript 的浏览器，就可正确执行，从而实现了"编写一次，走遍天下"的梦想。

13.2.2　应用场景

JavaScript 原本作为一种为网页开发设计的脚本语言，目前可以被应用在众多方面。

（1）网站开发

1）网站前端开发。JavaScript 的基本功能。用来实现前端逻辑，简单的比如说单击一个按钮会发生什么之类的，复杂的可以用 JS 编写个 Web 版操作系统桌面。

2）网站后端开发。Node.js 让程序员可以用 JS 自由地写后端。

（2）移动开发

1）Web App。HTML5 提供了很多 API 支持，可以实现原生应用拥有的大部分功能，但是性能有待提高。像 Firefox OS 就是基于 Web App 的移动操作系统。

2）混合式应用开发。把原生应用的一部分用前端技术实现，使原生应用更加灵活。很多应用都会这样做。PhoneGap 之类平台的出现，让程序员使用 JS 来进行移动应用开发。

（3）桌面开发

主要是指 Chrome 等浏览器能把 JS 写的程序打包成桌面应用。Google 力推的 Chrome OS 也是基于 Web App 的操作系统。

（4）插件开发

JavaScript 是唯一一种在所有主流平台都被原生支持的编程语言，因此在所有主流平台都可以使用 JS 进行插件开发。常见的有浏览器插件和扩展程序，同时大部分移动应用的插件平台也是使用 JS 进行插件开发的，因为一次开发可以保证跨平台使用。

几乎所有领域都可以使用 JS 进行开发，就算现在不能以后也会可以的，所有能用 JavaScript 写的东西最终都会被 JavaScript 写出来。

13.3 变量

JavaScript 中所有使用的数据都可以定义成变量。

13.3.1 变量定义

变量是存储信息的容器。

```
var x = 2;
var y = 3;
var z = x + y;
```

就像代数那样：

```
x=2
y=3
z=x+y
```

在代数中，我们使用字母（比如 x）来保存值（比如 2）。通过上面的表达式 z=x+y，我们能够计算出 z 的值为 5。在 JavaScript 中，这些字母被称为变量。

与代数一样，JavaScript 变量可用于存放值（比如 x=2）和表达式（比如 z=x+y）。变量可以使用短名称（比如 x 和 y），也可以使用描述性更好的名称（比如 age、um、totalvolume）。

- 变量以字母开头。
- 变量也能以$和_符号开头（不过不推荐这么做）。
- 变量名称对大小写敏感（y 和 Y 是不同的变量）。

提示：JavaScript 语句和 JavaScript 变量都对大小写敏感。

13.3.2 JavaScript 数据类型

JavaScript 变量还能保存其他数据类型，比如文本值（ame="Bill Gates"）。在 JavaScript 中，类似"Bill Gates"这样一条文本被称为字符串。JavaScript 变量有很多种类型，但是现在，我们只关注数字和字符串。当我们向变量分配文本值时，应该用双引号或单引号包围这个值。当向变量赋的值是数值时，不要使用引号。如果用引号包围数值，该值会被作为文本来处理。

```
var pi = 3.14;
var name = "Bill Gates";
var answer = 'Yes I am!';
```

13.3.3　创建 JavaScript 变量

在 JavaScript 中创建变量通常称为"声明"变量。我们使用 var 关键词来声明变量：

```
var carname;
```

变量声明之后，该变量是空的（它没有值）。如需向变量赋值，请使用等号：

```
Carname = "Volvo";
```

不过，也可以在声明变量时对其赋值：

```
var carname = "Volvo";
```

在下面的例子中，我们创建了名为 carname 的变量，并向其赋值"Volvo"，然后把它放入 id="demo"的 HTML 段落中：

```
<p id="demo"></p>
var carname = "Volvo";
document.getElementById("demo").innerHTML = carname;
```

可以在一条语句中声明很多变量。该语句以 var 开头，并使用逗号分隔变量即可：

```
var name = "Gates", age = 56, job = "CEO";
```

声明也可横跨多行：

```
var name = "Gates",
age = 56,
job = "CEO";
```

在计算机程序中，经常会声明无值的变量。未使用值来声明的变量，其值实际上是 undefined。在执行过以下语句后，变量 carname 的值将是 undefined：

```
var carname;
```

如果重新声明 JavaScript 变量，该变量的值不会丢失：在以下两条语句执行后，变量 carname 的值依然是"Volvo"：

```
var carname = "Volvo";
var carname;
```

可以通过 JavaScript 变量来做算术，使用的是 = 和 + 这类运算符：

```
y = 5;
x = y + 2;
```

脚本语言的变量经常是在需要时候的声明，变量在全局任何一个位置声明都是等价的，一般不需要建立同名的 JavaScript 变量，在一个项目中使用不同名字的 JavaScript 变量既能充分发挥脚本语言简单快捷的优势，又避开了变量定义灵活、容易产生歧义的弱点。

13.3.4　变量作用域

变量在使用的过程中，通过声明来确定变量使用范围。

（1）局部 JavaScript 变量

在 JavaScript 函数内部声明的变量（使用 var）是局部变量，所以只能在函数内部访问它。（该变量的作用域是局部的）。可以在不同的函数中使用名称相同的局部变量，因为只有声明过该变量的函数才能识别出该变量。

只要函数运行完毕，本地变量就会被删除。

（2）全局 JavaScript 变量

在函数外声明的变量是全局变量，网页上的所有脚本和函数都能访问它。

（3）JavaScript 变量的生命周期

JavaScript 变量的生命周期从它们被声明的时间开始。局部变量会在函数运行以后被删除。全局变量会在页面关闭后被删除。

（4）向未声明的 JavaScript 变量分配值

如果把值赋给尚未声明的变量，该变量将被自动作为全局变量声明。这条语句：

```
Carname = "Volvo";
```

将声明一个全局变量 carname，即使它在函数内执行。

13.4　保留关键字

JavaScript 的保留关键字不可以用作变量、标签或者函数名。有些保留关键字是 JavaScript 以后扩展使用。了解关键字可以间接了解 JavaScript 提供了哪些基本语法以及功能，JavaScript 保留关键字见表 13-1。

表 13-1　JavaScript 保留关键字

abstract	arguments	boolean	break	byte
case	catch	char	class*	const
continue	debugger	default	delete	do
double	else	enum*	eval	export*
extends*	false	final	finally	float
for	function	goto	if	implements
import*	in	instanceof	int	interface
let	long	native	new	null
package	private	protected	public	return
short	static	super*	switch	synchronized
this	throw	throws	transient	true
try	typeof	var	void	volatile
while	with	yield		

* 标记的关键字是 ECMAScript5 中新添加的。

13.5　数据类型

在编程过程中，数据类型是非常重要的概念。为了能够操作变量，了解数据类型是很重要的。

13.5.1　字符串类型

字符串类型在几乎所有编程语言中都是一种常用的数据类型，它用来存储文本数据，其数据是由 Unicode 字符组成的集合。在 JavaScript 中是没有 char 类型的，所以即使只有一个字符也要存储在字符串类型中。字符串类型必须要放在一对单引号或者双引号中，例如：

```
var str = "Hello, World!";
console.log("a");
document.write("goodbye");
```

我们也可以在字符串中使用一些特殊符号，这些特殊的符号是不能直接写在字符串当中的，这时候就需要使用转义符来让它转变本来的意思，例如：

```
var str = "Hello, \"World!\"";
console.log(str);
```

输出如图 13-3 所示。

这段代码可以将字符串中的引号输出出来，如果不加反斜杠 "\" 则会因为与字符串两端的引号配对而报错。同样地，其他的特殊符号也要用类似的方式来进行转义。且字符串中的所有字符都必须放在同一行中，中间不能换行，在 JavaScript 中换行被默认为当前语句已经结束。但是如果字符串过长，确实需要换行时，可以用 "\" 来将字符串写在多行中。

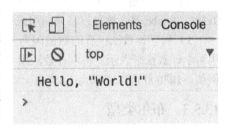

图 13-3　样例输出 13-3

除了刚才提到的转义符，表 13-2 中列出了一些常用的转义符。

表 13-2　JavaScript 常见转义符

字符	转义字符
'	\'
"	\"
&	\&
\	\\
换行符	\n
回车符	\r
制表符	\t
退格符	\b
换页符	\f

13.5.2　数字类型

JavaScript 不同于 C 语言或者 Java，它只存在一种数据类型，是不存在整型和浮点数之分的，例如：

```
var a = 1;
var b = 10.8;
```

我们可以通过如下代码来获取 JavaScript 数字类型的最大值和最小值：

```
console.log(Number.MAX_VALUE);
console.log(Number.MIN_VALUE);
```

输出如图 13-4 所示。

可以看到 JavaScript 数值类型的取值范围是在
1.7976931348623157e+308 到 5e-324 之间，大于最
大值的数值可以用 Infinity 表示，小于最小值的数值
用-Infinity 表示，分别表示无穷大和无穷小。另外
JavaScript 中 NaN 是一个特殊的数字，它属于数字类
型，但是表示某个值不是数字。

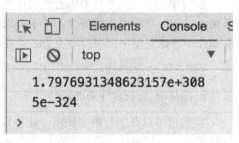

图 13-4　样例输出 13-4

JavaScript 的数字类型通常有 3 种表示方式：

1）传统计数法：由数字 0～9 组成，首数字不为 0，分为整数部分和小数部分，以小数
点隔开。

2）十六进制：由数字 0～9 和字母 a～f（不分大小写）组成，以"0x"开头，例如：
0x101、0xabc 等，这种方法只能用来表示整数。

3）科学计数法：有的数值因为太大或者太小，用传统计数法表示起来很麻烦，我们可以采
用科学计数法来表示。科学计数法用"aEn"来表示 a 乘以 10 的 n 次方，a 大于等于 0 小于 10。
例如：108000 可以表示为 1.08E5。

13.5.3　布尔类型

布尔类型的变量只有两个值 true 和 false，用来表示真假，true 代表真，false 代表假。通常用
于条件控制，例如：

```
var testboolean = true;
if (testboolean) {
  console.log("布尔值为真！");
}
```

输出如图 13-5 所示。

13.5.4　数组类型

数组是一组数据的集合，在 JavaScript 中数组可
以存放不同类型的数据，可以是基本数据类型，也可
以是复合数据类型。数组中的数据称为数组的元素。
数组通过给不同的元素不同的下标来存取这些元素。
这些下标从 0 开始，下标为 0 的元素是数组的起始元
素，例如：

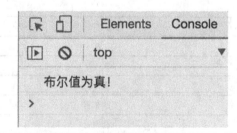

图 13-5　样例输出 13-5

```
var StudentNames = ["张三", "李四", "王五"];
console.log(StudentNames[0]);
console.log(StudentNames);
```

输出如图 13-6 所示。

可以看到数组的第一个元素就是下标为 0 的元
素，也可以直接通过数组名输出数组中的所有元素。

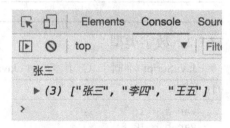

图 13-6　样例输出 13-6

关于数组类型的初始化和访问方法等内容，将在后面章节中具体介绍。

13.5.5　对象类型

　　和数组一样，对象也是数据的集合，同样的对象也可以保存各种不同类型的数据。但是不同于数组的是，对象是用名称和数值成对的方式来存取数据，并不是通过下标来访问数据。每条数据被赋予一个名称，这个名称被称为对象的属性。JavaScript 通过对象的属性名来存取这些数据，在声明对象时，用属性名:值的方式来给属性赋值，赋值使用 ":" 而不是等号，每个属性之间用逗号隔开，例如：

```
var Student = {
  name: "XiaoMing",
  age: 18,
  gender: "male"
};
```

调用时用 "." 来调用对象的属性，也可以直接通过对象名输出全部属性，例如：

```
console.log(Student.name);
console.log(Student);
```

输出如图 13-7 所示。

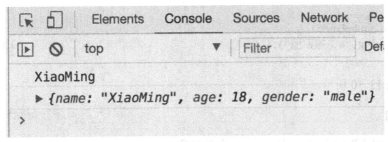

图 13-7　样例输出 13-7

　　对象还可以存取函数，存放在对象中的函数称为对象的方法，我们同样可以通过调用对象的方法名来调用函数，具体的内容以及有关对象的其他内容，将在后面的章节中深入讲解。

13.5.6　undefined

　　undefined 的含义是未定义的，其代表着一类声明了但并未赋值的变量，undefined 出现的具体情况分为以下三种：

- 引用了一个定义过但没有赋值的变量。
- 引用了一个数组中不存在的元素。
- 引用了一个对象中不存在的属性。

可以通过以下代码来输出这三种情况下的 undefined 变量：

```
var a;
var arr = [1, 2];
var student = { name : "Zhangsan" };
console.log(a);
console.log(arr[2]);
console.log(student.age);
```

输出如图 13-8 所示。

后两种类型虽然未被声明，但其载体是已经被声明的，只是内部还没有被给定值，因此也是看作"声明未赋值"来处理。

undefined 同样也可以当作值来给变量赋值，使其重置成未赋值的状态，例如：

```
var a = 1;
a = undefined;
console.log(a);
```

输出如图 13-9 所示。

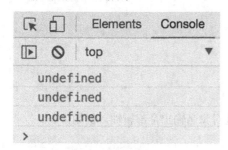

图 13-8　样例输出 13-8

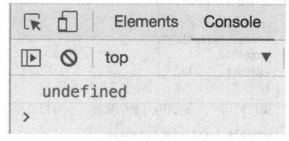

图 13-9　样例输出 13-9

作为一种值类型，undefined 也可以用于比较来进行条件控制，例如：

```
var a;
if (a === undefined) {
  console.log("a 未被赋值");
}
```

输出如图 13-10 所示。

13.5.7　null

null 是"空值"的意思，代表了一个空的对象指针，是一个特殊的对象值。它与 undefined 的区别在于 undefined 是一个未被赋值的变量，可以认为是一个空的变量，而 null 则是代表了一个空的对象，其用法与 undefined 类似，在我们想要定义一个对象时可以先用 null 保存一个空的对象值，例如：

图 13-10　样例输出 13-10

```
var student = null;
```

同样地 null 也可以用于条件判断，例如：

```
var student = null;
if (student === null) {
  console.log("student 是空的对象");
}
```

输出如图 13-11 所示。

图 13-11　样例输出 13-11

13.5.8　函数类型

对 JavaScript 来说函数也是对象的一种，所以与其他编程语言不同的是，在 JavaScript 中函数也是一种数据类型。函数是一段代码组成的代码集合，我们把这段代码定义成一个函数，就可以随意调用这段代码。由于在 JavaScript 中函数是一种数据类型，所以像其他数据类型一样，函数可以储存在变量、数组或者对象中，甚至可以把函数当作参数进行传递，这是其他语言所做不到的。

JavaScript 中函数的定义方式有很多种，在这里先介绍最常用、最简单的一种定义方式，使用 function 关键字：

```
function 函数名(参数1, 参数2, ......) {
函数体
}
```

其中大括号包括的代码就是函数的主体部分，可以有返回值也可以没有，返回值用 return 语句，与其他编程语言相同，例如：

```
function returnHello() {
  return "Hello!";
}
console.log(returnHello());
```

输出如图 13-12 所示。

在 JavaScript 中函数可以作为值赋给变量，这时这个变量与函数的功能是相同的，可以通过变量名直接调用函数，例如：

```
var sayGoodbye = function() {
  console.log("Goodbye!");
}
sayGoodbye();
```

输出如图 13-13 所示。

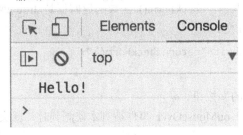

图 13-12　样例输出 13-12　　　　　　图 13-13　样例输出 13-13

在这种写法中是不需要写函数名的，函数名就是被赋给函数值的变量名，以后也是通过变量名来调用该函数。JavaScript 函数的用法有很多种，作为一种数据类型，JavaScript 的函数用法很灵活，这也使 JavaScript 这门语言在编程中有了很大的灵活性。后面的章节中会更加深入地介绍 JavaScript 函数的用法。

13.6　事件

所有页面交互都是通过事件来完成的。

13.6.1　基本概念

JavaScript 使我们有能力创建动态页面，而事件是可以被 JavaScript 侦测到的行为。网页中的每个元素都可以产生某些可以触发 JavaScript 函数的事件。比方说，我们可以在用户单击某按钮时产生一个 onClick 事件来触发某个函数。事件在 HTML 页面中定义。

例如鼠标单击、页面或图像载入，鼠标悬浮于页面的某个热点之上，在表单中选取输入框、确认表单、键盘按键等这些用户行为都是事件。通过控制这些事件来决定用户的行为能够产生怎样的反馈效果。

13.6.2 事件分类

为了能够实现丰富的交互，JavaScript 定义了多种事件类型。

（1）onload 和 onUnload 事件

当用户进入或离开页面时就会触发 onload 和 onUnload 事件。onload 事件常用来检测访问者的浏览器类型和版本，然后根据这些信息载入特定版本的网页。

onload 和 onUnload 事件也常被用来处理用户进入或离开页面时所建立的 Cookies。例如，当某用户第一次进入页面时，可以使用消息框来询问用户的姓名。姓名会保存在 Cookie 中。当用户再次进入这个页面时，可以使用另一个消息框和这个用户打招呼："Welcome John Doe!"。

（2）onFocus、onBlur 和 onChange 事件

onFocus、onBlur 和 onChange 事件通常相互配合用来验证表单。

下面是一个使用 onChange 事件的例子。用户一旦改变了域的内容，checkEmail() 函数就会被调用。

```
<input type="text" size="30" id="email" onchange="checkEmail()">
```

（3）onSubmit 事件

onSubmit 用于在提交表单之前验证所有的表单域。

下面是一个使用 onSubmit 事件的例子。当用户单击表单中的确认按钮时，checkForm() 函数就会被调用。假若域的值无效，此次提交就会被取消。checkForm() 函数的返回值是 true 或者 false。如果返回值为 true，则提交表单，反之取消提交。

```
<form method="post" action="xxx.htm" onsubmit="returncheckForm()">
```

（4）onMouseOver 和 onMouseOut 事件

onMouseOver 和 onMouseOut 用来创建"动态的"按钮。

下面是一个使用 onMouseOver 事件的例子。当 onMouseOver 事件被脚本侦测到时，就会弹出一个警告框：

```
<a href="" onmouseover="alert('AnonMouseOverevent');returnfalse">
<img src="" width="100" height="30">
</a>
```

（5）常见事件

JavaScript 常见事件见表 13-3。

表 13-3 JavaScript 常见事件

事件	说明
onabort	图像加载被中断
onblur	元素失去焦点
onchange	用户改变域的内容
onclick	鼠标单击某个对象

144

（续）

事件	说明
ondblclick	鼠标双击某个对象
onerror	当加载文档或图像时发生某个错误
onfocus	元素获得焦点
onkeydown	某个键盘的键被按下
onkeypress	某个键盘的键被按下或按住
onkeyup	某个键盘的键被松开
onload	某个页面或图像被完成加载
onmousedown	某个鼠标按键被按下
onmousemove	鼠标被移动
onmouseout	鼠标从某元素移开
onmouseover	鼠标被移到某元素之上
onmouseup	某个鼠标按键被松开
onreset	重置按钮被单击
onresize	窗口或框架被调整尺寸
onselect	文本被选定
onsubmit	提交按钮被单击
onunload	用户退出页面

13.6.3　事件示例

代码 13-1 通过将 button 的 onclick 事件绑定显示时间的函数来实现时间的显示功能。

代码 13-1

```html
<!DOCTYPE html>
<html>
<head>
 <meta charset="utf-8">
 <title>事件示例</title>
</head>
<body>
 <p>单击按钮执行 <em>displayDate()</em> 函数.</p>
 <button onclick="displayDate()">点这里</button>
 <script>
     function displayDate(){
         document.getElementById("demo").innerHTML=Date();
     }
 </script>
 <p id="demo"></p>
</body>
</html>
```

时间显示功能效果如图 13-14 所示。

图 13-14　事件示例 13-14

思考题

1．下面哪项 JavaScript 变量定义是非法的（　　　）

A．var x = 2;　　　　　　　　　　　　B．var pi = 3.1415;

C．var str = "Hello"　　　　　　　　　D．var z = z + 1

2．JavaScript 局部变量和全局变量的区别是什么？

3．JavaScript 如何调用带参的函数？

4．JavaScript 有哪几种对象创建方法？

5．什么是 JavaScript 事件？

第14章
JavaScript 常用功能

本章主要介绍一些 JavaScript 的常用功能和库, 这些都是日常开发使用得比较多的基础功能, 无论多复杂的使用场景, 都可以用本章介绍的内容来实现。

14.1 对象

有些时候基本的 JavaScript 类型无法定义一个变量, 需要更为抽象的对象类型来定义。

14.1.1 对象创建方法

此处讨论的对象是 JavaScript 较为复杂的对象, 或者说是传统面向对象语言中的对象。因为简单的对象概念在第 13 章已经介绍过。使用 JavaScript 创建对象的方法有很多, 列举如下。

1. Object 构造函数

如下面代码创建了一个 person 对象, 并用两种方式打印出了 name 的属性值。

```
var person = new Object();
person.name = "kevin";
person.age = 31;
alert(person.name);
alert(person["name"])
```

2. 对象变量创建一个对象

person["5"]是合法的; 另外使用这种加括号的方式, 字段之间是可以有空格的, 如 person["my age"].

```
var person =
{
    name: "Kevin",
    age: 31,
    5: "Test"
};
alert(person.name);
alert(person["5"]);
```

3. 工厂模式创建对象

这种方式会返回带有属性和方法的 person 对象。

147

```
function createPerson(name, age,job)
{
    var o = new Object();
    o.name = name;
    o.age = 31;
    o.sayName = function()
    {
        alert(this.name);
    };
    return o;
}
createPerson("kevin", 31, "se").sayName();
```

4. 自定义构造函数

这里需要注意命名规范，作为构造函数的函数首字母要大写，以区别于其他函数。这种方式有个缺陷是 sayName 这个方法，它的每个实例都是指向不同的函数实例，而不是同一个。

```
function Person(name, age, job)
{
    this.name = name;
    this.age = age;
    this.job = job;
    this.sayName = function()
    {
        alert(this.name);
    };
}

var person = new Person("kevin", 31, "SE");
person.sayName();
```

5. 原型模式

原型模式解决了自定义构造函数中提到的缺陷，使不同的对象的函数（如 sayFriends）指向了同一个函数。但它本身也有缺陷，就是实例共享了引用类型 friends，从下面的代码执行结果可以看到，两个实例的 friends 的值是一样的，这可能不是我们所期望的。

```
function Person()
{

}
Person.prototype = {
    constructor: Person,
    name: "kevin",
    age: 31,
    job: "SE",
    friends: ["Jams","Martin"],
    sayFriends: function()
    {
        alert(this.friends);
    }
};
var person1 = new Person();
person1.friends.push("Joe");
```

```
person1.sayFriends(); //Jams,Martin,Joe
var person2 = new Person();
person2.sayFriends(); //Jams,Martin,Joe
```

6．组合使用原型模式和构造函数

这种方法解决了原型模式中提到的缺陷，而且这也是使用最广泛、认同度最高的创建对象的方法。

```
function Person(name, age, job)
{
    this.name = name;
    this.age = age;
    this.job = job;
     this.friends = ["Jams","Martin"];
}
Person.prototype.sayFriends = function()
{
    alert(this.friends);
};
var person1 = new Person("kevin", 31, "SE");
var person2 = new Person("Tom", 30, "SE");
person1.friends.push("Joe");
person1.sayFriends(); //Jams,Martin,Joe
person2.sayFriends(); //Jams,Martin
```

7．动态原型模式

这个模式的好处在于看起来更像传统的面向对象编程，具有更好的封装性，因为在构造函数里完成了对原型的创建。这也是一个推荐的创建对象的方法。

```
function Person(name, age, job)
{
    //属性
    this.name = name;
    this.age = age;
    this.job = job;
    this.friends = ["Jams","Martin"];
    //方法
    if(typeof this.sayName != "function")
    {
        Person.prototype.sayName = function()
        {
            alert(this.name);
        };

        Person.prototype.sayFriends = function()
        {
            alert(this.friends);
        };
    }
}

var person = new Person("kevin", 31, "SE");
person.sayName();
```

149

```
person.sayFriends();
```

另外还有两个创建对象的方法，寄生构造函数模式和稳妥构造函数模式。由于这两个函数不是特别常用，这里就不给出具体代码了。

以上这么多创建对象的方法，真正推荐的是方法 6 和方法 7。当然在真正开发中要根据实际需要进行选择，也许创建的对象根本不需要方法，也就没必要一定要选择它们了。

14.1.2 对象创建示例

代码 14-1 使用方法 6（组合使用原型模式和构造函数）来实现对象的创建和打印。

代码 14-1

```
<!DOCTYPE html>
<html>
<meta charset="utf-8">
<script >

  function Person(name,age){
    this.name = name;
    this.age = age;
    this.friends = ["Jams","Martin"];

    this.sayFriends = function() {
      document.write(this.friends);
    }
  }
  Person.prototype.sayFriends = function(){

  }

  person1 = new Person("Kevin", 20);
  person2 = new Person("OldKevin",25);
  person1.friends.push("Joe");
  person1.sayFriends();
  document.write("<br>");
  person2.sayFriends();
</script>
</html>
```

对象打印结果如图 14-1 所示。

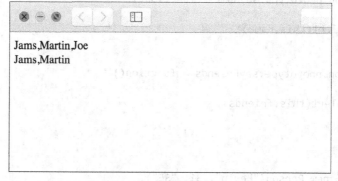

图 14-1 对象打印结果

14.1.3　日期对象

日期对象用于处理日期和时间。

1．创建日期

Date 对象用于处理日期和时间。可以通过 new 关键词来定义 Date 对象。以下代码定义了名为 myDate 的 Date 对象，有四种方式初始化日期：

```
new Date() // 当前日期和时间
new Date(milliseconds) //返回从 1970 年 1 月 1 日至今的毫秒数
new Date(dateString)
new Date(year, month, day, hours, minutes, seconds, milliseconds)
```

上面的参数大多数都是可选的，在不指定的情况下，默认参数是 0。实例化一个日期的一些例子如下：

```
var today = new Date()
var d1 = new Date("October 13, 1975 11:13:00")
var d2 = new Date(79, 5, 24)
var d3 = new Date(79, 5, 24, 11, 33, 0)
```

2．设置日期

通过使用针对日期对象的方法，可以很容易地对日期进行操作。在下面的例子中，为日期对象设置了一个特定的日期对象：2010 年 1 月 14 日。

```
var myDate = new Date();
myDate.setFullYear(2010, 0, 14);
```

在下面的例子中，将日期对象设置为 5 天后的日期：

```
var myDate = new Date();
myDate.setDate(myDate.getDate() + 5);
```

注意：如果增加天数会改变月份或者年份，那么日期对象会自动完成这种转换。

3．两个日期比较

日期对象也可用于比较两个日期。下面的代码将当前日期与 2100 年 1 月 14 日做了比较：

```
var x = new Date();
x.setFullYear(2100, 0, 14);
var today = new Date();

if (x>today)
{
  alert("今天是 2100 年 1 月 14 日之前");
}
else
{
  alert("今天是 2100 年 1 月 14 日之后");
}
```

14.1.4　钟表示例

代码 14-2 提供了一个钟表实例。

代码 **14-2**

```
<!DOCTYPE html>
<html>
<head>
<meta charset="utf-8">
<title>Data Clock Sample</title>
<script>
function startTime(){
  var today=new Date();
  var h=today.getHours();
  var m=today.getMinutes();
  var s=today.getSeconds();// 在小于10的数字前加一个 '0'
  m=checkTime(m);
  s=checkTime(s);
  document.getElementById('txt').innerHTML=h+":"+m+":"+s;
  t=setTimeout(function(){startTime()},500);
}
function checkTime(i){
  if (i<10){
    i="0" + i;
  }
  return i;
}
</script>
</head>
<body onload="startTime()">

<div id="txt"></div>

</body>
</html>
```

上面通过 Date 对象获取到了当前时间，同时调用 Date 对象的 getHours、getMinutes、getSeconds 方法获取到了时间的时、分、秒。

最后使用 setTimeout 方法设置一个计时器，每隔 500 毫秒（ms）调用一次 startTime，实现界面的更新。

```
t=setTimeout(function(){startTime()},500);
```

最终结果如图 14-2 所示。

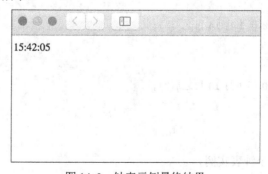

图 14-2　钟表示例最终结果

14.2　数组

在程序语言中数组的重要性不言而喻，JavaScript 中数组也是最常使用的对象之一。数组是值的有序集合，由于弱类型的原因，JavaScript 中数组十分灵活、强大，不像是 Java 等强类型高级语言中数组只能存放同一类型或其子类型元素，JavaScript 在同一个数组中可以存放多种类型的元素，而且是长度也是可以动态调整的，可以随着数据增加或减少自动对数组长度做更改。

14.2.1　创建数组

在 JavaScript 可以通过多种方式创建数组。

（1）构造函数

1）无参构造函数，创建一空数组。

```
var a1=new Array();
```

2）一个数字参数构造函数，指定数组长度（由于数组长度可以动态调整，作用并不大），创建指定长度的数组。

```
var a2=new Array(5);
```

3）带有初始化数据的构造函数，创建数组并初始化参数数据。

```
var a3=new Array(4, 'hello', new Date());
```

（2）字面量

1）使用方括号，创建空数组，等同于调用无参构造函数。

```
var a4 = [];
```

2）使用中括号，并传入初始化数据，等同于调用带有初始化数据的构造函数。

```
var a5 = [10];
```

3）需要注意以下几点。

在使用构造函数创建数组时，如果传入一个数字参数，则会创建一个长度为参数的数组，如果传入多个，则创建一个数组，参数作为初始化数据加到数组中。

```
var a1 = new Array(5);
console.log(a1.length);//5
console.log(a1); //[] ,数组是空的

var a2 = new Array(5,6);
console.log(a2.length);//2
```

但是使用字面量方式，无论传入几个参数，都会把参数当作初始化内容。

```
var a1 = [5];
console.log(a1.length);//1
console.log(a1); //[5]

var a2 = [5,6];
console.log(a2.length);//2
console.log(a2); //[5,6]
```

使用带初始化参数的方式创建数组的时候，最好最后不要带多余的"，"，在不同的浏览器下

对此处理方式不一样

```
var a1 = [1,2,3,];
console.log(a1.length);
console.log(a1);
```

这段脚本在现代浏览器上运行结果和我们的设想一样，长度是 3，但是在低版本 IE 下却是长度为 4 的数组，最后一条数据是 undefined。

14.2.2 数组的索引与长度

数组的值可以通过自然数索引访问进行读写操作，下标也可以是一个得出非负整数的变量或表达式。

```
var a1 = [1,2,3,4];
console.log(a1[0]); //1
var i = 1;
console.log(a1[i]); //2
console.log(a1[++i]); //3
```
数组也是对象，我们可以使用索引的奥秘在于，数组会把索引值转换为对应字符串（1=>"1"）作为对象属性名。
```
console.log(1 in a1); //true，确实是一个属性
```

索引的特殊性在于数组会自动更新 length 属性，当然因为 JavaScript 语法规定数字不能作为变量名，所以我们不能显示使用 array.1 这样的格式。由此可见其实负数，甚至非数字"索引"都是允许的，只不过这些会变成数组的属性，而不是索引。见图 14-3。

```
var a = new Array(1,2,3);
a[-10] = "a[-10]";
a["sss"] = "sss";
```

这样可以看出所有的索引都是属性名，但只有自然数（有最大值）才是索引，一般我们在使用数组的时候不会出现数组越界错误也正是因为此，数组的索引可以不是连续的，访问 index 不存在的元素的时候返回 undefined。见图 14-4。

```
var a = new Array(1,2,3);
a[100] = 100;
console.log(a.length); //101
console.log(a[3]); //undefined
console.log(a[99]); //undefined
console.log(a[100]); 100
```

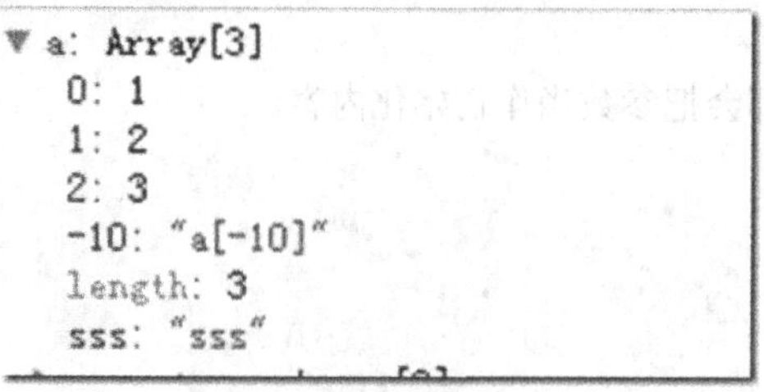

图 14-3　数组索引示例 1 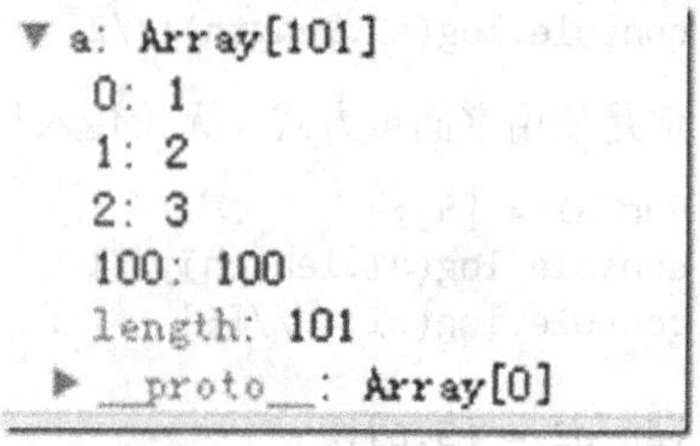　　　　图 14-4　数组索引示例 2

上面的例子中，虽然直接对 a[100]赋值不会影响 a[4]或 a[99]，但数组的长度却受到影响，数组 length 属性等于数组中最大的 index+1，我们知道数组的 length 属性同样是个可写的属性，当

强制把数组的 length 属性值设置为小于等于最大 index 值时，数组会自动删除 index 大于等于 length 的数据，在刚才代码中追加几句。

```
a.length = 2
console.log(a);//[1,2]
```

这时候会发现 a[2]和 a[100]被自动删除了，同理，如果把 length 设置为大于最大 index+1 的值的时候，数组也会自动扩张，但是不会为数组添加新元素，只是在尾部追加空空间。

```
a.length = 5;
console.log(a); //[1,2] //后面没有 3 个 undefined
```

14.2.3　元素添加/删除

对于数组元素的添加/删除操作，主要有以下几种方法。

（1）基本方法

上面例子已经用到向数组内添加元素的方法，直接使用索引就可以添加或删除（index 没必要连续）

```
var a = new Array(1,2,3);
a[3] = 4;
console.log(a); //[1, 2, 3, 4]
```

前面提到数组也是对象，索引只是特殊的属性，所以可以使用删除对象属性的方法，使用 delete 删除数组元素

```
delete a[2];
console.log(a[2]); //undefined
```

这样和直接把 a[2]赋值为 undefined 类似，不会改变数组长度，也不会改变其他数据的 index 和 value 对应关系。见图 14-5。

（2）栈方法

上面例子中，尤其是其删除方法，并不是我们希望的表现形式，很多时候希望删除中间一个元素后，后面元素的 index 都自动减一，数组 length 同时减一，就好像在一个堆栈中拿去的一个，数组已经帮我们做好了这种操作方式，pop 和 push 能够让我们像使用堆栈那样先入后出使用数组

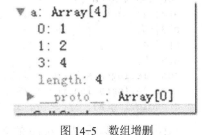

图 14-5　数组增删

```
var a = new Array(1,2,3);
a.push(4);
console.log(a);//[1, 2, 3, 4]
console.log(a.length);//4
console.log(a.pop(a));//4
console.log(a); //[1, 2, 3]
console.log(a.length);//3
```

（3）队列方法

既然栈方法都实现了，先入先出的队列怎么能少，shift 方法可以删除数组 index 最小元素，并使后面元素 index 都减一，length 也减一，这样使用 shift/push 就可以模拟队列了，当然与 shift 方法对应的有一个 unshift 方法，用于向数组头部添加一个元素。

```
var a = new Array(1,2,3);
a.unshift(4);
console.log(a);//[4, 1, 2, 3]
console.log(a.length);//4
console.log(a.shift(a));//4
console.log(a); //[1, 2, 3]
console.log(a.length);//3
```

（4）最佳方案

JavaScript 提供了一个 splice 方法用于一次性解决数组添加、删除（这两种方法一结合就可以达到替换效果），方法有三个参数。

1）开始索引。

2）删除元素的位移。

3）插入新元素，当然也可以写多个。

splice 方法返回一个由删除元素组成的新数组，没有删除则返回空数组。

```
var a = new Array(1,2,3,4,5);
```

删除可以通过指定前两个参数，可以使用 splice 删除数组元素，同样会带来索引调整及 length 调整。

```
var a = new Array(1,2,3,4,5);
console.log(a.splice(1,3));//[2, 3, 4]
console.log(a.length);//2
console.log(a);//[1,5]
```

如果数组索引不是从 0 开始的，那么结果会很有意思，有一个这样的数组，见图 14-6。

```
var a=new Array();
a[2]=2;
a[3]=3;
a[7]=4;
a[8]=5;
console.log(a.splice(3, 4)); //[3]
console.log(a.length); //5
console.log(a); //[2: 2, 3: 4, 4: 5]
```

从图 14-7 可以看到，splice 的第一个参数是绝对索引值，而不是相对于数组索引，第二个参数并不是删除元素的个数，而是删除动作执行多少次，并不是按数组实际索引移动，而是连续移动。同时调整后面元素索引，前面索引不理会。

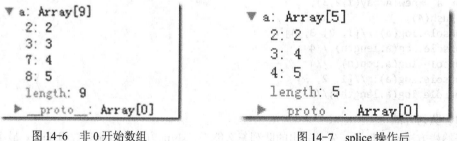

图 14-6　非 0 开始数组　　　　　　　　　图 14-7　splice 操作后

要实现插入与替换，只要方法的第二个参数，也就是删除动作执行的次数设为 0，第三个参数及以后填写要插入内容就能执行插入操作，而如果第二个参数不为 0 则变成了先在该位置删除再插入，也就是替换效果。

```
a.splice(1, 0, 9, 99, 999);
console.log(a.length); //8
console.log(a); //[1, 9, 99, 999, 2, 3, 4, 5]
a.splice(1, 3, 8, 88, 888);
console.log(a.length);//8
console.log(a);//[1, 8, 88, 888, 2, 3, 4, 5]
```

14.2.4 常用方法

JavaScript 对数组封装了一些自带方法，方便直接使用。

（1）join(char)

join 方法在 C# 等语言中也有，作用是把数组元素（对象调用其 toString()方法）使用参数作为连接符连接成一个字符串。

```
var a = new Array(1,2,3,4,5);
console.log(a.join(',')); //1,2,3,4,5
console.log(a.join(' ')); //1 2 3 4 5
```

（2）slice(start, end)

不要和 splice 方法混淆，slice 方法用于返回数组中的一个片段或子数组，如果只写一个 start 参数则返回数组从 start 位置开始到数组结束部分；如果参数出现负数，则从数组尾部计数（-3 意思是数组的倒数第三个，一般不会这样做，但是在不知道数组长度、想舍弃后 n 个的时候有些用，不过数组长度很容易知道）；如果参数中 start 大于 end 则返回空数组。值得注意的一点是 slice 不会改变原数组，而是返回一个新的数组。

```
var a = new Array(1,2,3,4,5);
console.log(a); //[1, 2, 3, 4, 5]
console.log(a.slice(1,2));//2
console.log(a.slice(1,-1));//[2, 3, 4]
console.log(a.slice(3,2));//[]
console.log(a); //[1, 2, 3, 4, 5]
```

（3）concat(array)

看起来像是剪切，但这个却不是形声字，concat 方法用于拼接数组，a.concat(b)返回一个 a 和 b 共同组成的新数组，同样不会修改任何一个原始数组，也不会递归连接数组内部数组。

```
var a = new Array(1,2,3,4,5);
var b = new Array(6,7,8,9);
console.log(a.concat(b));//[1, 2, 3, 4, 5, 6, 7, 8, 9]
console.log(a); //[1, 2, 3, 4, 5]
console.log(b); //[6, 7, 8, 9]
```

（4）reverse()

reverse 方法用于将数组逆序，与之前方法不同的是它会修改原数组。

```
var a = new Array(1,2,3,4,5);
a.reverse();
console.log(a); //[5, 4, 3, 2, 1]
```

同样，当数组索引不是连续或以 0 开始，结果需要注意。数组内容见图 14-8。

```
var a = new Array();
a[2] = 2;
a[3] = 3;
a[7] = 4;
a[8] = 5;
a.reverse();
```

reverse 后的数组见图 14-9。

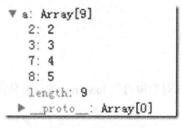

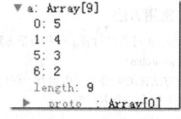

图 14-8 reverse 前数组   图 14-9 reverse 后数组

（5）sort()

sort 方法用于对数组进行排序，当没有参数的时候会按字母表升序排序；如果含有 undefined 会被排到最后面，对象元素则会调用其 toString 方法；如果想按照自己定义方式排序，可以传一个排序方法进去，同样 sort 方法会改变原数组。

```
var a = new Array(5, 4, 3, 2, 1);
a.sort();
console.log(a);//[1, 2, 3, 4, 5]
```

但是如果按照字母表排序，7 就比 10 大了。

```
var a=new Array(7, 8, 9, 10, 11);
a.sort();
console.log(a);//[10, 11, 7, 8, 9]
```

这时候需要传入自定义排序函数：

```
var a=new Array(7, 8, 9, 10, 11);
a.sort(function(v1, v2){
  return v1 - v2;
});
console.log(a);//[7, 8, 9, 10, 11]
```

JavaScript 的数组既强大又灵活，但是在遍历元素及获取元素位置时也有一定的不便，这些在 ECMAScript 中已经得到解决，熟练使用可以让我们的 JavaScript 优雅而高效。

14.3 函数

如果能够对代码进行复用，只要定义一次代码，就可以多次使用它。能够多次向同一函数传递不同的参数，以产生不同的结果。

14.3.1 函数语法

函数是由事件驱动的或者当它被调用时执行的可重复使用的代码块。

```
<!DOCTYPE html>
```

```
<html>
<head>
<script>
function myFunction()
{
    alert("Hello World!");
}
</script>
</head>
<body>
<button onclick="myFunction()">Try it</button>
</body>
</html>
```

函数就是包裹在花括号中的代码块，前面使用了关键字 function：

```
function functionname()
{
执行代码
}
```

当调用该函数时，会执行函数内的代码。可以在某事件发生时直接调用函数（比如当用户单击按钮时），并且可由 JavaScript 在任何位置进行调用。

JavaScript 对大小写敏感。关键字 function 必须是小写的，并且必须以与函数名称相同的大小写来调用函数。

14.3.2　调用带参数的函数

在调用函数时，可以向其传递值，这些值被称为参数。这些参数可以在函数中使用。可以发送任意多的参数，由逗号 (,) 分隔：

```
myFunction(argument1, argument2)
```

当声明函数时，请把参数作为变量来声明：

```
function myFunction(var1, var2)
{
代码
}
```

变量和参数必须以一致的顺序出现。第一个变量就是第一个被传递的参数的给定的值，以此类推。

```
<p>单击这个按钮来调用带参数的函数。</p>
<button onclick="myFunction('Harry Potter', 'Wizard')">单击这里</button>
<script>
function myFunction(name, job){
    alert("Welcome " + name + ", the " + job);
}
</script>尝试一下 »
```

上面的函数在按钮被单击时会提示 "Welcome Harry Potter, the Wizard"。

函数很灵活，可以使用不同的参数来调用该函数，这样就会给出不同的消息：

```
<button onclick="myFunction('Harry Potter', 'Wizard')">单击这里</button>
```

```
<button onclick="myFunction('Bob', 'Builder')">单击这里</button>
```

根据单击按钮的不同，上面的例子会提示 "Welcome Harry Potter, the Wizard" 或 "Welcome Bob, the Builder"。

14.3.3 带有返回值的函数

有时，我们会希望函数将值返回调用它的地方。通过使用 return 语句就可以实现。在使用 return 语句时，函数会停止执行，并返回指定的值。

```
function myFunction()
{
    var x = 5;
    return x;
}
```

上面的函数会返回值 5。

注意：整个 JavaScript 并不会停止执行，仅仅是函数停止了执行。JavaScript 将从调用函数的地方继续执行代码。函数调用将被返回值取代：

```
var myVar = myFunction();
```

myVar 变量的值是 5，也就是函数"myFunction()"所返回的值。即使不把它保存为变量，也可以使用返回值：

```
document.getElementById("demo").innerHTML = myFunction();
```

"demo"元素的 innerHTML 将成为 5，也就是函数"myFunction()"所返回的值。

在使用函数的时候也可以传入参数。

计算两个数字的乘积，并返回结果：

```
function myFunction(a, b)
{
    return a * b;
}

document.getElementById("demo").innerHTML=myFunction(4, 3);
"demo" 元素的 innerHTML 将是: 12
```

仅仅希望退出函数时，也可使用 return 语句。返回值是可选的：

```
function myFunction(a, b)
{
    if (a > b)
    {
        return;
    }
    x = a + b
}
```

如果 a 大于 b，则上面的代码将退出函数，并不会计算 a 和 b 的总和。

14.3.4 函数使用样例

函数使用样例见代码 14-3。

代码 14-3

```html
<html>
  <meta charset="utf-8">
  <p>简单计算器:</p>
  <table border="1" style="position:center;">
    <tr>
      <td>第一个数: </td>
      <td><input type="text" id="first"/></td>
    </tr>
    <tr>
      <td>第二个数: </td>
      <td><input type="text" id="twice"/></td>
    </tr>
    <tr>
    <td colspan="2" >
       
      <button style="width:inherit" onclick="add()">+</button>
       
      <button style="width:inherit" onclick="subtract()">-</button>
       
      <button style="width:inherit" onclick="ride()">*</button>
       
      <button style="width:inherit" onclick="devide()">/</button>
    </td>
  </tr>
  <tr>
    <td colspan="2" rowspan="2">
      <p id="result"></p>
    </td>
  </tr>
</table>
</html>
<script>
var result_1;
//加法
function add() {
  var a = getFirstNumber();
  var b = getSecondNumber();
  var re =Number( a) +Number( b);
  sendResult(re);
}

//减法
function subtract() {
  var a = getFirstNumber();
  var b = getSecondNumber();
  var re = a - b;
  sendResult(re);
}

//乘法
```

```
    function ride() {
      var a = getFirstNumber();
      var b = getSecondNumber();
      var re = a * b;
      sendResult(re);
    }

    //除法
    function devide() {
      var a = getFirstNumber();
      var b = getSecondNumber();
      var re = a / b;
      sendResult(re);
    }

    //给 p 标签传值
    function sendResult(result_1) {
      var num = document.getElementById("result")
      num.innerHTML = result_1;
    }

    //获取第一位数字
    function getFirstNumber() {
      var firstNumber = document.getElementById("first").value;
      return firstNumber;
    }

    //获取第二位数字
    function getSecondNumber() {
      var twiceNumber = document.getElementById("twice").value;
      return twiceNumber;
    }
    </script>
</html>
```

代码 14-3 中，首先使用 HTML 建立基本的按钮以及输入框，再使用 JavaScript 获取 HTML 元素的信息，最后通过调用函数返回加减乘除的运算结果。

执行结果如图 14-10 所示。

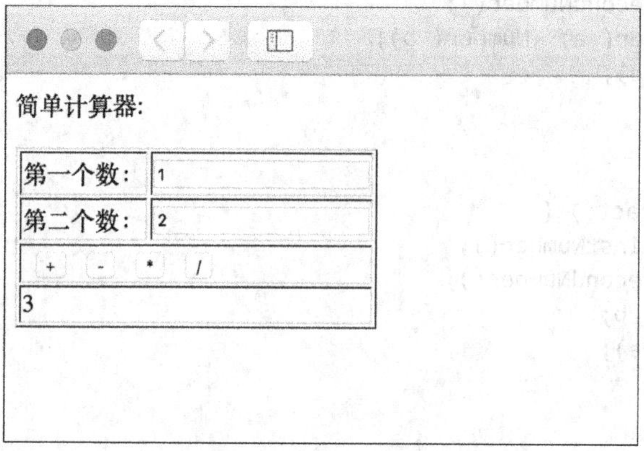

图 14-10 函数实现简单计算器

例如 getFirstNumber 通过调用 document 类下的 getElementById 方法，获取到页面上 id="first"的元素即第一个输入框的数值。

```
function getFirstNumber() {
  var firstNumber = document.getElementById("first").value;
  return firstNumber;
}
```

例如计算加法时，通过 getFirstNumber 和 getSecondNumber 获取到两个相加的元素的值，再得到和。

```
function add() {
  var a = getFirstNumber();
  var b = getNumber();
  var re =Number( a) +Number( b);
  sendResult(re);
}
```

最后调用 sendResullt 方法把界面 id="result"的元素内部的 HTML 更新为新值。

```
function sendResult(result_1) {
  var num = document.getElementById("result")
  num.innerHTML = result_1;
}
```

14.4 Date（日期）

对于日期的处理，JavaScript 专门定义了一个日期类型。

14.4.1 Date 对象简介

Date 对象是 JavaScript 中经常使用的对象，通过 Date 对象可以方便地建立时间上的复杂逻辑关系，同时也可以用来处理一些简单的事件相关的任务。

下面提供几个简单的实例。

1）将一个字符串转换为 Date 对象的写法：

```
var str = "2012-12-12";
var date = new Date(str);      //字符串转换为 Date 对象
document.write(date.getFullYear());      //输出年份
```

2）Date.getDate() 返回是日期对象中月份中的几号。

```
var date = new Date();
document.write(date.getDate());
```

3）Date.getDay() 返回日期中的星期几，星期天 0-星期 6。

```
var date = new Date();
document.write(date.getDay());
```

4）Date.getFulYead() 返回年份。

```
var date = new Date();
document.write(date.getFullYear());
```

14.4.2 Date 对象常见方法

Date 对象常见方法见表 14-1。

表 14-1　Date 对象常见方法

方　　法	描　　述
Date()	返回当日的日期和时间
getDate()	从 Date 对象返回一个月中的某一天（1～31）
getDay()	从 Date 对象返回一周中的某一天（0～6）
getMonth()	从 Date 对象返回月份（0～11）
getFullYear()	从 Date 对象以四位数字返回年份
getYear()	请使用 getFullYear() 方法代替
getHours()	返回 Date 对象的小时（0～23）
getMinutes()	返回 Date 对象的分钟（0～59）
getSeconds()	返回 Date 对象的秒数（0～59）
getMilliseconds()	返回 Date 对象的毫秒数（0～999）
getTime()	返回 1970 年 1 月 1 日至今的毫秒数
getTimezoneOffset()	返回本地时间与格林尼治标准时间（GMT）的分钟差
getUTCDate()	根据世界时从 Date 对象返回月中的一天（1～31）
getUTCDay()	根据世界时从 Date 对象返回周中的一天（0～6）
getUTCMonth()	根据世界时从 Date 对象返回月份（0～11）
getUTCFullYear()	根据世界时从 Date 对象返回四位数的年份
getUTCHours()	根据世界时返回 Date 对象的小时（0～23）
getUTCMinutes()	根据世界时返回 Date 对象的分钟（0～59）
getUTCSeconds()	根据世界时返回 Date 对象的秒钟（0～59）
getUTCMilliseconds()	根据世界时返回 Date 对象的毫秒数（0～999）
parse()	返回 1970 年 1 月 1 日午夜到指定日期（字符串）的毫秒数
setDate()	设置 Date 对象中月的某一天（1～31）
setMonth()	设置 Date 对象中的月份（0～11）
setFullYear()	设置 Date 对象中的年份（四位数字）
setYear()	请使用 setFullYear() 方法代替
setHours()	设置 Date 对象中的小时（0～23）
setMinutes()	设置 Date 对象中的分钟（0～59）
setSeconds()	设置 Date 对象中的秒钟（0～59）
setMilliseconds()	设置 Date 对象中的毫秒数（0～999）
setTime()	以毫秒设置 Date 对象
setUTCDate()	根据世界时设置 Date 对象中月份的一天（1～31）
setUTCMonth()	根据世界时设置 Date 对象中的月份（0～11）
setUTCFullYear()	根据世界时设置 Date 对象中的年份（四位数字）
setUTCHours()	根据世界时设置 Date 对象中的小时（0～23）
setUTCMinutes()	根据世界时设置 Date 对象中的分钟（0～59）
setUTCSeconds()	根据世界时设置 Date 对象中的秒钟（0～59）

（续）

方　　法	描　　述
setUTCMilliseconds()	根据世界时设置 Date 对象中的毫秒数（0～999）
toSource()	返回该对象的源代码
toString()	把 Date 对象转换为字符串
toTimeString()	把 Date 对象的时间部分转换为字符串
toDateString()	把 Date 对象的日期部分转换为字符串
toGMTString()	请使用 toUTCString() 方法代替
toUTCString()	根据世界时，把 Date 对象转换为字符串
toLocaleString()	根据本地时间格式，把 Date 对象转换为字符串
toLocaleTimeString()	根据本地时间格式，把 Date 对象的时间部分转换为字符串
toLocaleDateString()	根据本地时间格式，把 Date 对象的日期部分转换为字符串
UTC()	根据世界时返回 1970 年 1 月 1 日 到指定日期的毫秒数
valueOf()	返回 Date 对象的原始值

14.5　表单

JavaScript 的表单功能主要通过 HTML Form Element 来体现，HTML Form Element 继承了 HTML Element，它自己独有的属性和方法有：

- acceptCharset：服务器能够处理的字符集，等价于 HTML 的 accept-charset 特性。
- action：接收请求的 URL，等价于 HTML 中的 action 特性。
- elements：表单中所有控件的集合（HTMLCollection）。
- enctype：请求的编码类型。
- length：表单中控件的数量。
- method：要发送的 HTTP 请求类型，通常是 get 或 post。
- name：表单的名称。
- reset()：将所有表单域重置为默认值。
- submit()：提交表单。
- target：用于发送请求和接收响应的窗口名称。

取得 form 元素的引用可以是 getElementById，也可以是 document.forms 中数值索引或 name 值。

14.5.1　提交表单

提交表单的按钮有三种：

```
<input type="submit" value="Submit Form">
<button type="submint">Submit Form</button>
<input type="image" src="">
```

以上面这种方法提交表单，会在浏览器请求发送给服务器之前触发 submit 事件，这样就可以验证表单数据和决定是否允许提交表单，如下面的代码就可以阻止表单的提交：

```
var form = document.getElementById("myForm");
form.addEventListener("submit", function () {
  event.preventDefault();
```

```
});
```

另外也可以通过 js 脚本调用 submit()方法提交表单，在调用 submit()方法提交表单时不会触发 submit 事件。

```
var form = document.getElementById("myForm");
form.submit();
```

第一次提交表单后如果长时间没有回应，用户会变得不耐烦，往往多次单击提交按钮，导致重复提交表单，因此应该在第一次提交表单后就禁用提交按钮或利用 onsubmit 事件阻止后续操作。

```
var submitBtn = document.getElementById("submitBtn");
submitBtn.onclick = function () {
  //处理表格和提交等
  submitBtn.disabled = true;
};
```

14.5.2 重置表单

重置表单应该使用 input 或 button：

```
<input type="reset" value = "Reset Form">
<button type="reset">Reset Form</button>
```

当用户单击重置按钮重置表单时，会触发 reset 事件，可以在必要的时候取消重置操作：

```
var resetBtn = document.getElementById("resetBtn");
resetBtn.addEventListener("reset", function () {
  event.preventDefault();
});
```

另外也可以通过 js 脚本调用 reset()方法重置表单，在调用 reset()方法重置表单时会触发 reset 事件。

```
var form = document.getElementById("myForm");
form.reset();
```

14.5.3 表单字段

每个表单都有一个 elements 属性，该属性是表单中所有表单（字段）的集合，示例代码如下：

```
var form = document.forms["myForm"];
var list = [];
//取得表单中第一个字段
var firstName = form.elements[0];
list.push(firstName.name);
//取得表单中名为 lastName 的字段
var lastName = form.elements["lastName"];
list.push(lastName.name);
// 取得表单中包含的字段的数量
var fieldCount = form.elements.length;
list.push(fieldCount);
console.log(list.toString()); //firstName,lastName,4
```

多个表单控件使用一个 name（单选按钮），会返回以该 name 命名的 NodeList，示例代码如下：

```
<form id="myForm" name="myForm">
  <ul>
    <li><input type="radio" name="color" value="red">red</li>
    <li><input type="radio" name="color" value="yellow">yellow</li>
    <li><input type="radio" name="color" value="blue">blue</li>
  </ul>
  <button type="submint">Submit Form</button>
  <button type="reset">Reset Form</button>
</form>
```

name 都是颜色，在访问 elements["color"]时，返回 NodeList：

```
var list = [];
var form = document.forms["myForm"];
var radios = form.elements["color"];
console.log(radios.length) //3
```

（1）共有的表单字段属性

disabled：布尔值，表示当前字段是否被禁用。

form：指向当前字段所属表单的指针，只读。

name：当前字段的名称。

readOnly：布尔值，表示当前字段是否只读。

tabIndex：表示当前字段的切换（tab）序号。

type：当前字段的类型。

value：当前字段被提交给服务器的值。对文件字段来说，这个属性是只读的，包含着文件在计算机中的路径。

可通过 submit 事件在提交表单后禁用提交按钮，但不可以用 onclick 事件，因为 onclick 在不同浏览器中有"时差"。

共有表单字段方法

focus()：激活字段，使其可以响应键盘事件。

blur()：失去焦点，触发；使用的场合不多。

可以在侦听页面的 load 事件上添加该 focus()方法。

```
window.addEventListener("load", function () {
  document.forms["myForm"].elements["lastName"].focus();
});
```

需要注意，第一个表单字段是 input，如果其 type 特性为"hidden"，或者 CSS 属性的 display 和 visibility 属性隐藏了该字段，就会导致错误。

（2）**autofocus 属性**

在 HTML5 中，表单中新增加了 autofocus 属性，作用是自动把焦点移动到相应字段。

```
<input type="text" name="lastName" autofocus>
```

或者检测是否设置了该属性，没有的话再调用 focus()方法：

```
window.addEventListener("load", function () {
  var form = document.forms["myForm"];
  if (form["lastName"].autofocus !== true) {
    form["lastName"].focus();
  };
```

```
  });
```

（3）共有的表单字段事件

除了支持鼠标键盘更改和 HTML 事件之外，所有的表单字段都支持下列 3 个事件：

1）blur： 当前字段失去焦点时触发。

2）change： input 元素和 textarea 元素，在它们失去焦点且 value 值改变时触发；select 元素在其选项改变时触发（不失去焦点也会触发）。

3）focus： 当前字段获得焦点时触发。

示例如下：

```javascript
var form = document.forms["myForm"];
var firstName = form.elements["firstName"];

firstName.addEventListener("focus", handler);
firstName.addEventListener("blur", handler);
firstName.addEventListener("change", handler);

function handler() {
  switch (event.type) {
    case "focus":
      if (firstName.style.backgroundColor !== "red") {
        firstName.style.backgroundColor = "yellow";

      };
      break;
    case "blur":
      if (event.target.value.length < 1) {
        firstName.style.backgroundColor = "red";
      } else {
        firstName.style.backgroundColor = "";
      };
      break;
    case "change":
      if (event.target.value.length < 1) {
        firstName.style.backgroundColor = "red";
      } else {
        firstName.style.backgroundColor = "";
      };
      break;
  }
}
```

14.5.4 表单样例

JavaScript 常用于对输入数字的验证，接下来代码 14-4 展示了一个输入数字验证的 JavaScript 样例代码。

代码 14-4

```html
<!DOCTYPE html>
<html>
<head>
```

```
<meta charset="utf-8">
</head>
<body>

<h1>JavaScript 验证输入</h1>

<p>请输入 1 到 10 之间的数字: </p>

<input id="numb">

<button type="button" onclick="myFunction()">提交</button>

<p id="demo"></p>

<script>
function myFunction() {
    var x, text;

    // 获取 id="numb" 的值
    x = document.getElementById("numb").value;

    // 如果输入的值 x 不是数字或者小于 1 或者大于 10, 则提示错误 Not a Number or less
than one or greater than 10
    if (isNaN(x) || x < 1 || x > 10) {
        text = "输入错误";
    } else {
        text = "输入正确";
    }
    document.getElementById("demo").innerHTML = text;
}
</script>

</body>
</html>
```

如果输入的数字在 1 到 10 之间会提示正确, 否则提示错误, 如图 14-11、图 14-12 所示。

图 14-11　JavaScript 验证输入正确

169

图 14-12 JavaScript 验证输入错误

14.6 类库

许多常见的功能都被封装到了 JavaScript 类库中，程序员们不需要重复实现一些他人已经完成的任务。这时候，学会 JavaScript 类库的使用也是十分重要的。引用 JavaScript 类库时，通常将引用语句放置在 HTML 文件的最后。因为 JS 的加载会影响网页页面的渲染。

```html
<html>
  <body>
  ……
  <script src="www.example.com"> </script>
  </body>
</html>
```

14.6.1 常见类库

下面列举几个常见的类库。

（1）jQuery

JavaScript 类库中最有名的莫属 Google 公司的 jQuery 框架。jQuery 是一个高效、精简并且功能丰富的 JavaScript 工具库。它提供的 API 易于使用且兼容众多浏览器，这让 HTML 文档遍历和操作、事件处理、动画和 Ajax 操作更加简单。

（2）Cut.js

图 14-13 所示的 CutJS 是一个能帮助用户开发高性能、动态互动 2D HTML5 图形的超迷类库。支持现代浏览器和移动设备，可以帮助用户开发游戏和可视化的应用。CutJS 提供了 DOM 类型的 API 来创建和播放基于画布的图形。

（3）Sticker.js

图 14-14 所示的 Sticker.js 是一个轻量级的 JavaScript 类库，允许用户创建粘贴的效果。Sticker.js 不依赖任何类库，支持所有支持 CSS3 的主流浏览器（IE10+）。另外，该库是基于 MIT License 协议的，可以在商业项目中使用。

（4）Fattable.js

图 14-15 所示的 Fattable.js 是一个能帮助用户创建无限滚动，支持任意多行和列的 JavaScript 类库。比较大的表（多于 10000 个单元格）使用 DOM 处理不是很方便，滚动会变得不均匀。同时比较大的表格增长的速度也更快，不太可能让用户去下载或者保留全部数据。Fattable 可以帮助用户很好地处理异步数据加载。

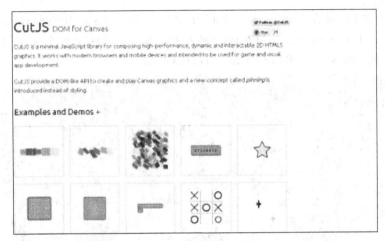

图 14-13　Cut.js

图 14-14　Sticker.js

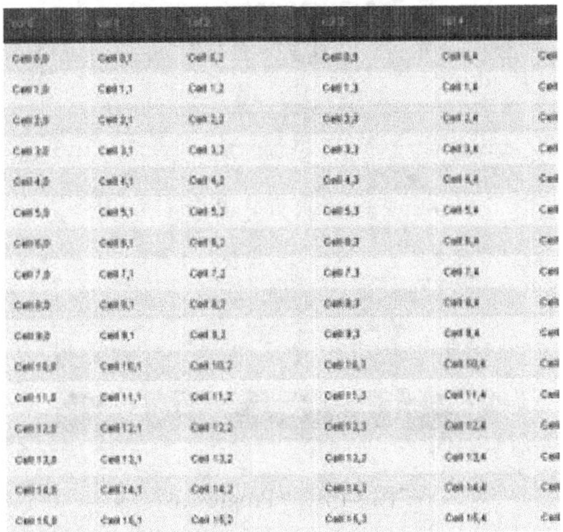

图 14-15　Fattable.js

（5）Fn.js

图 14-16 所示的 fn.js 是一个鼓励用户使用函数编程风格的可选 JavaScript 类库。主要帮助用户

基于性能和规则来支持函数化实践。为了保证用户的路径正确，Fn.js 内部强制避免 side effects、Object Mutation 和 Function state。支持 Node.js 或者浏览器，可以使用常规的 Script 来引用或者通过 AMD 加载器加载。Fn.js 基于 MIT Licensed，可以在 Github 下载。

图 14-16　Fn.js

（6）Progress.js

图 14-17 所示的 Progress.js 是一个帮助开发人员使用 JavaScript 和 CSS3 创建进度条的 JavaScript 类库。用户可以自己设计进度条的模板或者自定义。用户可以使用 Progess.js 来展示加载内容的进度（images、video 等），可以应用到所有页面元素，比如，textbox、textarea 甚至整个 body。

图 14-17　Progress.js

14.6.2　jQuery

有一个简单易用的 JavaScript 库来实现代码开发，不仅能减少很多开发量，而且能使代码更简单易读。

（1）jQuery 简介

jQuery 是一个 JavaScript 函数库。是一个轻量级的"写得少，做得多"的 JavaScript 库。

jQuery 库包含以下功能：

- HTML 元素选取。
- HTML 元素操作。
- CSS 操作。
- HTML 事件函数。
- JavaScript 特效和动画。
- HTML DOM 遍历和修改。
- Ajax。
- Utilities。

除此之外，jQuery 还提供了大量的插件。

（2）jQuery 安装

1）网页中添加 jQuery。

可以通过多种方法在网页中添加 jQuery。用户可以使用以下方法：

从 jquery.com 下载 jQuery 库。

从 CDN 中载入 jQuery，如从 Google 中加载 jQuery。

2）下载 jQuery。

有两个版本的 jQuery 可供下载：

Production version – 用于实际的网站中，已被精简和压缩。

Development version – 用于测试和开发（未压缩，是可读的代码）。

以上两个版本都可以从 jquery.com 中下载。

（3）CDN 引用。

百度、又拍云、新浪、谷歌和微软的服务器都存有 jQuery。如果用户的网站用户是国内的，建议使用百度、又拍云、新浪等国内 CDN 地址，如果用户的网站用户是国外的，可以使用谷歌和微软。例如代码 14-5 使用百度的 CDN 编写一个简单 jQuery 事件。

代码 14-5

```html
<!DOCTYPE html>
<html>

<meta charset="utf-8">
<body>
<h2>这是一个标题</h2>
<p>这是一个段落。</p>
<p>这是另一个段落。</p>
<button>点我</button>
</body>
<script src="https://apps.bdimg.com/libs/jquery/2.1.4/jquery.min.js"></script>
<script>
$(document).ready(function(){
  $("button").click(function(){
    $("p").hide();
  });
});
```

```
</script>
</html>
```

图 14-18、图 14-19 显示了代码 14-5 的变化效果。

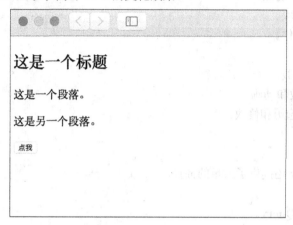

图 14-18 button 事件单击前

图 14-19 button 事件单击后

14.7 jQuery 详解

jQuery 是 JavaScript 中极为常用的第三方类库，可以极大地简化 JavaScript 完成任务的难度，所以下面着重讲解。

14.7.1 jQuery 选择器

jQuery 选择器允许用户对 HTML 元素组或单个元素进行操作。jQuery 选择器基于元素的 id、类、类型、属性、属性值等查找（或选择）HTML 元素。它基于已经存在的 CSS 选择器，除此之外，它还有一些自定义的选择器。jQuery 中所有选择器都以美元符号开头：$()。

（1）元素选择器

jQuery 元素选择器基于元素名选取元素。如在页面中选取所有<p>元素：

```
$("p")
```

用户单击按钮后，所有 <p> 元素均隐藏：

```
$(document).ready(function(){
  $("button").click(function(){
    $("p").hide();
  });
});
```

（2）#id 选择器

jQuery #id 选择器通过 HTML 元素的 id 属性选取指定的元素。

页面中元素的 id 应该是唯一的，所以在页面中选取唯一的元素需要通过 #id 选择器。

通过 id 选取元素语法如下：

```
$("#test")
```

当用户单击按钮后，带有 id="test" 属性的元素将被隐藏：

```
$(document).ready(function(){
  $("button").click(function(){
    $("#test").hide();
  });
});
```

（3）.class 选择器

jQuery 类选择器可以通过指定的 class 查找元素。

语法如下：

```
$(".test")
```

用户单击按钮后所有带有 class="test" 属性的元素都将被隐藏：

```
$(document).ready(function(){
  $("button").click(function(){
    $(".test").hide();
  });
});
```

（4）更多实例

选择器实例见表 14-2。

表 14-2　选择器实例

语　　法	描　　述
$("*")	选取所有元素
$(this)	选取当前 HTML 元素
$("p.intro")	选取 class 为 intro 的 <p> 元素
$("p:first")	选取第一个 <p> 元素
$("ul li:first")	选取第一个 <ul> 元素的第一个 <li> 元素
$("ul li:first-child")	选取每个 <ul> 元素的第一个 <li> 元素

（续）

语　法	描　述
$("[href]")	选取带有 href 属性的元素
$("a[target='_blank']")	选取所有 target 属性值等于 "_blank" 的 <a> 元素
$("a[target!='_blank']")	选取所有 target 属性值不等于 "_blank" 的 <a> 元素
$(":button")	选取所有 type="button" 的 <input> 元素 和 <button> 元素
$("tr:even")	选取偶数位置的 <tr> 元素
$("tr:odd")	选取奇数位置的 <tr> 元素

　　例如代码 14-6 使用 jQuery 选择器实现一个页面表格的背景改变效果。我们利用$("tr:odd")将表格里面奇数位置的 <tr> 元素背景改为为黄色。

代码 14-6

```
<!DOCTYPE html>
<html>
<head>
<meta charset="utf-8">
</head>
<body>

<h1>欢迎访问我的主页</h1>

<table border="1">
<tr>
  <th>网站名</th>
  <th>网址</th>
</tr>
<tr>
<td>Google</td>
<td>http://www.google.com</td>
</tr>
<tr>
<td>Baidu</td>
<td>http://www.baidu.com</td>
</tr>
<tr>
<td>苹果</td>
<td>http://www.apple.com</td>
</tr>
<tr>
<td>淘宝</td>
<td>http://www.taobao.com</td>
</tr>
<tr>
<td>Facebook</td>
<td>http://www.facebook.com</td>
</tr>
</table>
<script src="https://cdn.bootcss.com/jquery/1.10.2/jquery.min.js">
</script>
```

```
<script>
$(document).ready(function(){
  $("tr:even").css("background-color","yellow");
});
</script>
</body>
</html>
```

表格样式改变效果如图 14-20 所示。

图 14-20　jQuery 选择器改变表格样式

14.7.2　jQuery 事件

基于基础的 JavaScript 事件，jQuery 在其基础上做了封装，形成 jQuery 事件。

1．jQuery 事件简介

页面对不同访问者的响应叫作事件。事件处理程序指的是当 HTML 中发生某些事件时所调用的方法。例如：

● 在元素上移动鼠标。

● 选取单选按钮。

● 单击元素。

在事件中经常使用术语"触发"（或"激发"）。例如："当您按下按键时触发 keypress 事件"。常见事件如表 14-3 所示。

表 14-3　常见事件

鼠标事件	键盘事件	表单事件	文档/窗口事件
click	keypress	submit	load
dblclick	keydown	change	resize
mouseenter	keyup	focus	scroll
mouseleave		blur	unload

2. 常见事件

查看 jQuery 函数源文件可以发现所有的 jQuery 函数都位于一个 document ready 函数中：

```
$(document).ready(function(){ // 开始写 jQuery 代码... });
```

这是为了防止文档在完全加载（就绪）之前运行 jQuery 代码。

如果在文档没有完全加载之前就运行函数，操作可能失败。下面是两个具体的例子：试图隐藏一个不存在的元素；获得未完全加载的图像的大小。

简洁写法（与以上写法效果相同）：

```
$(function(){ // 开 始 写 jQuery 代 码... });
```

以上两种方式，可以选择喜欢的方式实现文档就绪后执行 jQuery 方法。

1）click()。click()方法是当按钮单击事件被触发时会调用一个函数。该函数在用户单击 HTML 元素时执行。在下面的实例中，当单击事件在某个 <p> 元素上触发时，隐藏当前的 <p> 元素：

```
$("p").1click(function(){
  $(this).hide();
});
```

2）dblclick()。当双击元素时，会发生 dblclick 事件。dblclick()方法触发 dblclick 事件，或规定当发生 dblclick 事件时运行的函数：

```
$("p").click(function(){
  $(this).hide();
});
```

3）mouseenter()。当鼠标指针穿过元素时，会发生 mouseenter 事件。mouseenter() 方法触发 mouseenter 事件，或规定当发生 mouseenter 事件时运行的函数：

```
$("#p1").mouseenter(function(){
    alert('您的鼠标移到了 id="p1" 的元素上！');
});
```

4）mouseleave()。当鼠标指针离开元素时，会发生 mouseleave 事件。mouseleave() 方法触发 mouseleave 事件，或规定当发生 mouseleave 事件时运行的函数：

```
$("#p1").mouseleave(function(){
    alert("再见，您的鼠标离开了该段落。");
});
```

5）mousedown()。当鼠标指针移动到元素上方，并按下鼠标按键时，会发生 mousedown 事件。

mousedown() 方法触发 mousedown 事件，或规定当发生 mousedown 事件时运行的函数：

```
$("#p1").mousedown(function(){
    alert("鼠标在该段落上按下！");
});
```

6）mouseup()。当在元素上松开鼠标按钮时，会发生 mouseup 事件。mouseup()方法触发 mouseup 事件，或规定当发生 mouseup 事件时运行的函数：

```
$("#p1").mouseup(function(){
    alert("鼠标在段落上松开。");
```

```
});
```

7）hover()。hover()方法用于模拟光标悬停事件。当鼠标移动到元素上时，会触发指定的第一个函数（mouseenter）；当鼠标移出这个元素时，会触发指定的第二个函数（mouseleave）。

```
$("#p1").hover(
    function(){
        alert("你进入了 p1!");
    },
    function(){
        alert("拜拜! 现在你离开了 p1!");
    }
);
```

8）focus()。当元素获得焦点时，发生 focus 事件。当通过鼠标单击选中元素或通过〈Tab〉键定位到元素时，该元素就会获得焦点。focus()方法触发 focus 事件，或规定当发生 focus 事件时运行的函数：

```
$("input").focus(function(){
  $(this).css("background-color","#cccccc");
});
```

3. 事件示例

下面代码 14-7 使用 jQuery 将页面元素中 input 元素的 focus 事件定义为：当 input 被鼠标聚焦时，body 元素的背景颜色变为灰色。

代码 14-7

```
<!DOCTYPE html>
<html>
<head>
<meta charset="utf-8">
<title>jQuery Event Sample</title>
</head>
<body>

Name: <input type="text" name="fullname"><br>
Email: <input type="text" name="email">

<script src="https://cdn.bootcss.com/jquery/1.10.2/jquery.min.js">
</script>
<script>
$(document).ready(function(){
  $("input").focus(function(){
    $("body").css("background-color","#cccccc");
  });
});
</script>
</body>
</html>
```

当没有鼠标聚焦到 input 元素时，显示效果如图 14-21 所示。

当鼠标单击任意一个输入框时，效果如图 14-22 所示。

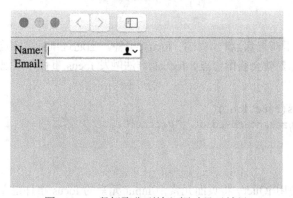

图 14-21　未被鼠标聚焦时显示效果

图 14-22　鼠标聚焦到输入框时显示效果

14.7.3　jQuery 内容修改

jQuery 能够对 HTML 中所有（DOM）元素进行操作，并且所有相关方法都与选择器$进行了封装，所以相比于原生的 JavaScript 更具备灵活性和易用性。

（1）设置和获取

获得 HTML 内容主要通过 text()、html()、val() 以及 attr ()完成。

1）text()。设置或返回所选元素的文本内容，不包括 HTML 元素。

2）html ()。设置或返回所选元素的内容（包括 HTML 标记）。

```
$("#btn1").click(function(){ alert("Text: " + $("#test").text()); }); $("#btn2").
click(function(){ alert("HTML: " + $("#test").html()); });
```

3）val ()。设置或返回表单字段的值。

```
$("#btn1").click(function(){ alert("值为: " + $("#test").val()); });
```

4）attr()。用于获取属性值。

```
$("button").click(function(){
  alert($("#runoob").attr("href"));
});
```

同时通过以上方法还可以直接设置 HTML 元素的相应属性。

```
$("#btn1").click(function(){
    $("#test1").text("Hello world!");
});
$("#btn2").click(function(){
    $("#test2").html("<b>Hello world!</b>");
```

```
});
$("#btn3").click(function(){
    $("#test3").val("jQuery");
});
$("button").click(function(){
    $("#runoob").attr("href","http://www.example.com/jquery");
});
```

例如代码 14-8 使用以上方法修改网页内容。

代码 14-8

```
<!DOCTYPE html>
<html>
<head>
<meta charset="utf-8">
<script src="https://cdn.bootcss.com/jquery/1.10.2/jquery.min.js">
</script>
<script>
$(document).ready(function(){
  $("#btn1").click(function(){
    $("#test1").text("Hello world!");
  });
  $("#btn2").click(function(){
    $("#test2").html("<b>Hello world!</b>");
  });
  $("#btn3").click(function(){
    $("#test3").val("jQuery");
  });
});
</script>
</head>
<body>
<p id="test1">这是一个段落。</p>
<p id="test2">这是另外一个段落。</p>
<p>输入框: <input type="text" id="test3" value="输入内容"></p>
<button id="btn1">设置文本</button>
<button id="btn2">设置 HTML</button>
<button id="btn3">设置值</button>
</body>
</html>
```

修改前效果如图 14-23 所示。

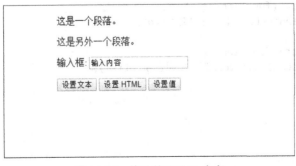

图 14-23　修改前 HTML 内容

单击页面中的三个按钮，触发 jQuery 事件显示效果如图 14-24 所示。

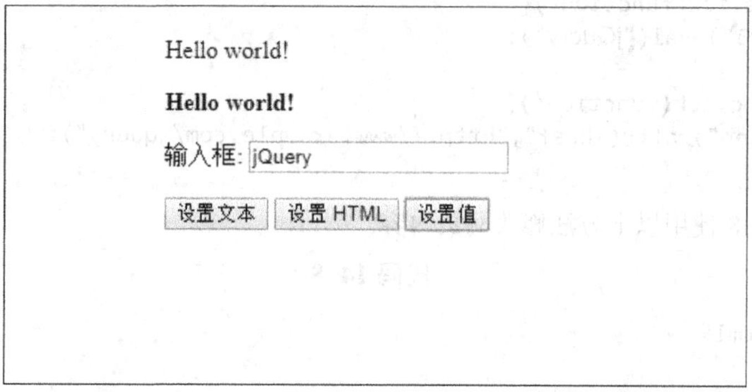

Hello world!

Hello world!

输入框：jQuery

设置文本　设置 HTML　设置值

图 14-24　修改后 HTML 内容

（2）增删元素

jQuery 主要提供了四个方法增加元素：

- append() - 在被选元素的结尾插入内容。
- prepend() - 在被选元素的开头插入内容。
- after() - 在被选元素之后插入内容。
- before() - 在被选元素之前插入内容。

基本使用方法的代码如下：

```
$("p").append("追加文本");
$("p").prepend("在开头追加文本");
$("p").after("在后面添加文本");
$("p").before("在前面添加文本");
```

下面代码 14-9 提供一个简单的样例。

代码 14-9

```
<!DOCTYPE html>
<html>
<head>
<meta charset="utf-8">
<title>Append Example</title>
<script src="https://cdn.bootcss.com/jquery/1.10.2/jquery.min.js">
</script>
<script>
$(document).ready(function(){
  $("#btn1").click(function(){
    $("p").prepend("<b>在开头追加文本</b>。 ");
  });
  $("#btn2").click(function(){
    $("ol").prepend("<li>在开头添加列表项</li>");
  });
});
</script>
</head>
<body>

<p>这是一个段落。</p>
```

```
<p>这是另外一个段落。</p>
<ol>
<li>列表 1</li>
<li>列表 2</li>
<li>列表 3</li>
</ol>
<button id="btn1">添加文本</button>
<button id="btn2">添加列表项</button>

</body>
</html>
```

使用 append 添加代码前显示效果如图 14-25 所示。

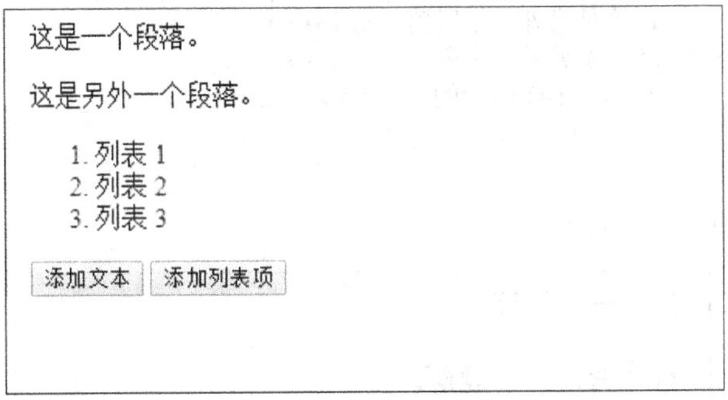

这是一个段落。

这是另外一个段落。

1. 列表 1
2. 列表 2
3. 列表 3

添加文本 添加列表项

图 14-25　未添加元素前

使用 append 添加代码后显示效果如图 14-26 所示。

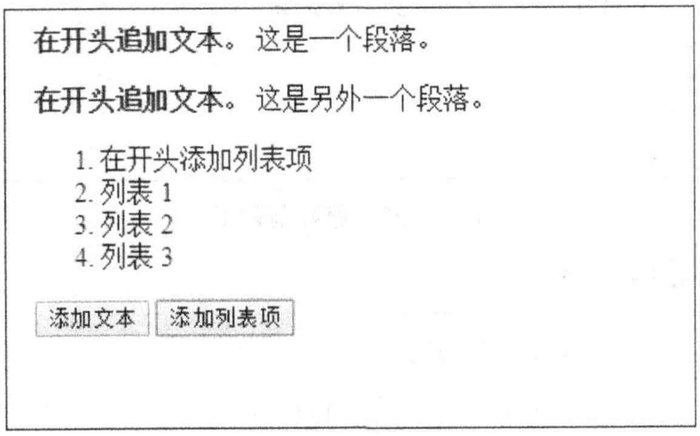

在开头追加文本。 这是一个段落。

在开头追加文本。 这是另外一个段落。

1. 在开头添加列表项
2. 列表 1
3. 列表 2
4. 列表 3

添加文本 添加列表项

图 14-26　添加元素后

jQuery 主要提供了两个方法删除元素：

● remove() – 删除被选元素（及其子元素）。

● empty() – 从被选元素中删除子元素。

```
$("p").remove();
$("p").empty();
```

同时 jQuery remove() 方法也可接受一个参数，允许用户对被删元素进行过滤。该参数可以是任何 jQuery 选择器的语法。下面的例子删除 class="italic" 的所有 <p> 元素：

```
<!DOCTYPE html>
<html>
<head>
```

183

```
<meta charset="utf-8">
<script src="https://cdn.bootcss.com/jquery/1.10.2/jquery.min.js">
</script>
<script>
$(document).ready(function(){
  $("button").click(function(){
    $("p").remove(".italic");
  });
});
</script>
</head>
<body>
<p>这是一个段落。</p>
<p class="italic"><i>这是另外一个段落。</i></p>
<p class="italic"><i>这是另外一个段落。</i></p>
<button>移除所有  class="italic" 的 p 元素。</button>
</body>
</html>
```

<p>标签删除前如图 14-27 所示。

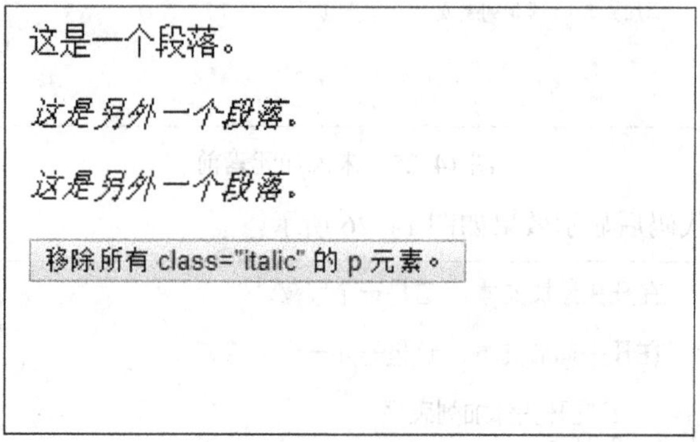

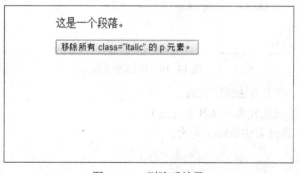

图 14-27 删除前效果

<p>标签删除后如图 14-28 所示。

这是一个段落。

移除所有 class="italic" 的 p 元素。

图 14-28 删除后效果

14.7.4 jQuery 遍历

jQuery 可以高效地遍历 HTML 页面的各种元素，尤其是提供了各种选择器和子、父控件操作函数，让元素的遍历更为灵活方便。

常见的遍历方法有以下三种。

（1）选择器+遍历

```
$('div').each(function (i){
    //i 是索引值
    //this 表示获取遍历每一个 dom 对象
});
```

（2）选择器+遍历

```
$('div').each(function (index, domEle){
    //index 是索引值
    //domEle 表示获取遍历每一个 dom 对象
});
```

（3）更适用的遍历方法

1）先获取某个集合对象。

2）遍历集合对象的每一个元素。

```
var d=$("div");
$.each(d, function (index, domEle){
    //d 是要遍历的集合
    //index 就是索引值
    //domEle 表示获取遍历每一个 dom 对
});
```

jQuery 还提供了众多方法来支持元素间复杂的遍历逻辑，如表 14-4 所示。

表 14-4　jQuery 常见遍历方法

方法	描述
add()	把元素添加到匹配元素的集合中
addBack()	把之前的元素集添加到当前集合中
andSelf()	在版本 1.8 中被废弃。addBack() 的别名
children()	返回被选元素的所有直接子元素
closest()	返回被选元素的第一个祖先元素
contents()	返回被选元素的所有直接子元素（包含文本和注释节点）
each()	为每个匹配元素执行函数
end()	结束当前链中最近的一次筛选操作，并把匹配元素集合返回到前一次的状态
eq()	返回带有被选元素的指定索引号的元素
filter()	把匹配元素集合缩减为匹配选择器或匹配函数返回值的新元素
find()	返回被选元素的后代元素
first()	返回被选元素的第一个元素
has()	返回拥有一个或多个元素在其内的所有元素
is()	根据选择器/元素/jQuery 对象检查匹配元素集合，如果存在至少一个匹配元素，则返回 true
last()	返回被选元素的最后一个元素
map()	把当前匹配集合中的每个元素传递给函数，产生包含返回值的新 jQuery 对象
next()	返回被选元素的后一个同级元素
nextAll()	返回被选元素之后的所有同级元素

（续）

方法	描述
nextUntil()	返回介于两个给定参数之间的每个元素之后的所有同级元素
not()	从匹配元素集合中移除元素
offsetParent()	返回第一个定位的父元素
parent()	返回被选元素的直接父元素
parents()	返回被选元素的所有祖先元素
parentsUntil()	返回介于两个给定参数之间的所有祖先元素
prev()	返回被选元素的前一个同级元素
prevAll()	返回被选元素之前的所有同级元素
prevUntil()	返回介于两个给定参数之间的每个元素之前的所有同级元素
siblings()	返回被选元素的所有同级元素
slice()	把匹配元素集合缩减为指定范围的子集

代码 14-10 提供一个利用 children 方法进行遍历的实例，例子中通过 children()函数改变了元素子节点的边框颜色。

代码 14-10

```
<!DOCTYPE html>
<html>
<head>
<meta charset="utf-8">
<title>遍历元素</title>
<style>
.descendants *{
  display: block;
  border: 2px solid lightgrey;
  color: lightgrey;
  padding: 5px;
  margin: 15px;
}
</style>
<script src="https://cdn.bootcss.com/jquery/1.10.2/jquery.min.js">
</script>
<script>
$(document).ready(function(){
  $("ul").children().css({"color":"red","border":"2px solid red"});
});
</script>
</head>
<body class="descendants">body (曾祖先节点)

<div style="width:500px;">div (祖先节点)
  <ul>ul (直接父节点)
    <li>li (子节点)
      <span>span (孙节点)</span>
    </li>
  </ul>
</div>
```

```
</body>
</html>
```

遍历显示结果如图 14-29 所示。

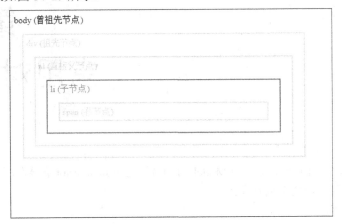

图 14-29 Children()方法遍历实例

思考题

1. 创建一个长度为 10 的数组，并对其进行排序，输出排序前和排序后的结果。

2. 打印当前日期到控制台。

3. 需要使用表单接受请求的 URL，应该使用表单的什么方法实现？（　　　）

A. action　　　　　B. submit　　　　C. reset　　　　D. send

4. 下列哪个是 jQuery 的类选择器语法？（　　　）

A. $("p")　　　　B. $("#test")　　　C. $(".test")　　　D. $(":button")

5. 尝试为一个网页编写简单的脚本，使用 jQuery 移除网页上所有内容（提示：使用 remove 和遍历功能）。

第15章
常用对象类型

浏览器对象模型（Browser Object Model，BOM）允许 JavaScript 直接与浏览器进行交互，在 JavaScript 中定义了 6 种重要的对象：

- Window 对象。
- Document 对象。
- Location 对象。
- Navigation 对象。
- Screen 对象。
- History 对象。

其中，其他所有对象都是 Window 对象的一部分。这 6 种对象在编写 JavaScript 代码的时候非常重要，本章将对它们进行详细介绍，以帮助大家更好地理解它们。

15.1　Window 对象

Window 对象是 BOM 的核心，表示当前的浏览器窗口。主要提供调整窗口的尺寸和位置、打开新窗口、系统提示框、状态栏控制、定时操作等功能。

当一个 HTML 文档包含框架标签（包括<frame>以及<iframe>）时，浏览器会为每个框架创建一个 Window 对象。

Window 对象在 JavaScript 中相当于全局对象，因此要引用当前窗口不需要特殊的语法，可以将本窗口的属性当作已经存在的全局变量，比如：

```
alert("Alert.");
window.alert("Alert.");
```

这两种调用方式是等价的，第二种本质上是第一种调用的完整写法。

同时，我们可以通过 window.x 的方法访问其他对象，比如 window.location。

（1）setTimeout()和 setInterval()的使用

setTimeout()和 setInterval()是 Window 对象中比较重要的两个方法，前者是延时器，可以在载入后延迟时间再执行某个函数或者表达式；后者是定时器，可以在载入后每隔一段时间就执行一次某个函数或者表达式。它们的用法如下：

```
setTimeout(func, time);
setInterval(func, time);
```

两个方法的时间单位是毫秒（ms）。

以下是一个使用 setTimeout()实现的 60 秒（s）倒计时计时器，如代码 15-1 所示：

代码 15-1

```html
<!DOCTYPE html>
<html>
  <head>
    <meta charset="utf-8">
    <title>Timer</title>
    <script>
      function timer(){
          var time = document.getElementById("time");
          for(var i = 0;i < 60;i ++){(
              function(i){
                  setTimeout(function(){
                      setTimeout(time.innerText = 60-i, 1000*i);
                  }, 1000*i)
              }
          )(i);
          }
      }
    </script>
  </head>
  <body onload="timer()">
    <div>剩余时间</div>
    <div id="time">60</div>
  </body>
</html>
```

Window 对象的常用属性、方法、事件可以分别参考表 15-1、表 15-2、表 15-3。

表 15-1　Window 对象的常用属性表

属性名	作　　用
name	指定窗口的名称
innerHeight	返回窗口文档显示区的高度
innerWidth	返回窗口文档显示区的宽度
parent	当前窗口（框架）的父窗口，使用它返回对象的方法和属性
pageXoffset	设置或返回当前页面相对于窗口显示区左上角的 X 位置
pageYoffset	设置或返回当前页面相对于窗口显示区左上角的 Y 位置
opener	返回产生当前窗口的窗口对象，使用它返回对象的方法和属性
top	代表主窗口，是最顶层的窗口，也是所有其他窗口的父窗口。可通过该对象访问当前窗口的方法和属性
self	返回当前窗口的一个对象，可通过该对象访问当前窗口的方法和属性
defaultstatus	返回或设置将在浏览器状态栏中显示的默认内容
status	返回或设置将在浏览器状态栏中显示的指定内容

表 15-2　**Window 对象的常用方法表**

方法名	作　　用
alert()	显示一个警示对话框，包含一条信息和一个确定按钮
confirm()	显示一个确认对话框
prompt()	显示一个提示对话框，提示用户输入数据
open()	打开一个已存在的窗口，或者创建一个新窗口，并在该窗口中加载一个文档
stop()	停止页面的载入
scrollBy()	按照指定的像素值来滚动内容
scrollTo()	把内容滚动到指定的坐标
print()	打印当前窗口的内容
close()	关闭一个打开的窗口
navigate()	在当前窗口中显示指定网页
setTimeout()	设置一个定时器，在经过指定的时间间隔后调用一个函数
clearTimeout()	给指定的计时器复位
setInterval()	按照指定的周期（以毫秒计）来调用函数或计算表达式
clearIntevel()	取消由 setInterval() 设置的定时任务
focus()	使一个 Window 对象得到当前焦点
blur()	使一个 Window 对象失去当前焦点

表 15-3　**Window 对象的常用事件表**

事　件	说　　明
onload	HTML 文件载入浏览器时发生
onunload	HTML 文件从浏览器删除时发生
onfocus	窗口获得焦点时发生
onblur	窗口失去焦点时发生
onhelp	用户按下〈F1〉键时发生
onresize	用户调整窗口大小时发生
onscroll	用户滚动窗口时发生
onerror	载入 HTML 文件出错时发生

15.2　Document 对象

当浏览器载入 HTML 文档，它就会成为 Document 对象，载入之后的 Document 对象是 HTML 文档的根节点。

Document 对象的存在让用户可以使用 JavaScript 访问并操作 HTML 页面中的所有元素，如表 15-4 所示。

例如，用户可以使用 getElementById() 等方法对标签进行精确的查找和定位，并对其进行查看和修改。当然，这些功能已经在 jQuery 库中被封装为更好用、更方便的方法，推荐使用 jQuery 库来达到更好的编程体验。

表 15-4　**Document 对象的常用属性/方法表**

属性/方法	描　　述
document.activeElement	返回当前获取焦点元素
document.addEventListener()	向文档添加句柄
document.adoptNode(node)	从另外一个文档返回 adapded 节点到当前文档
document.anchors	返回对文档中所有 Anchor 对象的引用
document.baseURI	返回文档的绝对基础 URI
document.body	返回文档的 body 元素
document.close()	关闭用 document.open()方法打开的输出流，并显示选定的数据
document.cookie	设置或返回与当前文档有关的所有 Cookie
document.createAttribute()	创建一个属性节点
document.createComment()	创建注释节点
document.createDocumentFragment()	创建空的 DocumentFragment 对象，并返回此对象
document.createElement()	创建元素节点
document.createTextNode()	创建文本节点
document.doctype	返回与文档相关的文档类型声明（DTD）
document.documentElement	返回文档的根节点
document.documentMode	返回用于通过浏览器渲染文档的模式
document.documentURI	设置或返回文档的位置
document.domain	返回当前文档的域名
document.domConfig	已废弃。返回 normalizeDocument() 被调用时所使用的配置
document.embeds	返回文档中所有嵌入的内容（embed）集合
document.forms	返回对文档中所有 Form 对象引用
document.getElementsByClassName()	返回文档中所有指定类名的元素集合，作为 NodeList 对象
document.getElementById()	返回对拥有指定 id 的第一个对象的引用
document.getElementsByName()	返回带有指定名称的对象集合
document.getElementsByTagName()	返回带有指定标签名的对象集合
document.images	返回对文档中所有 Image 对象的引用
document.implementation	返回处理该文档的 DOMImplementation 对象
document.importNode()	把一个节点从另一个文档复制到该文档以便应用
document.inputEncoding	返回用于文档的编码方式（在解析时）
document.lastModified	返回文档被最后修改的日期和时间
document.links	返回对文档中所有 Area 和 Link 对象的引用
document.normalize()	删除空文本节点，并连接相邻节点
document.normalizeDocument()	删除空文本节点，并连接相邻节点，同 document、normalize()
document.open()	打开一个流，以收集来自任何 document.write() 或 document.writeln() 方法的输出
document.querySelector()	返回文档中匹配指定的 CSS 选择器的第一元素
document.querySelectorAll()	document.querySelectorAll() 是 HTML5 中引入的新方法，返回文档中匹配的 CSS 选择器的所有元素节点列表
document.readyState	返回文档状态（载入中……）
document.referrer	返回载入当前文档的 URL

（续）

属性/方法	描　　述
document.removeEventListener()	移除文档中的事件句柄（由 addEventListener() 方法添加）
document.renameNode()	重命名元素或者属性节点
document.scripts	返回页面中所有脚本的集合
document.strictErrorChecking	设置或返回是否强制进行错误检查
document.title	返回当前文档的标题
document.URL	返回文档完整的 URL
document.write()	向文档写 HTML 表达式或 JavaScript 代码
document.writeln()	等同于 write()方法，不同的是在每个表达式之后写一个换行符

15.3　Navigator 对象

Navigator 对象包含着有关正在使用的浏览器的信息，可以通过这些信息针对不同平台的浏览器显示不同的信息，具体如表 15-5 和表 15-6 所示。

表 15-5　Navigator 对象的常用属性表

属　　性	说　　明
appCodeName	返回浏览器的代码名
appName	返回浏览器的名称
appVersion	返回浏览器的平台和版本信息
cookieEnabled	返回指明浏览器中是否启用 Cookie 的布尔值
platform	返回运行浏览器的操作系统平台
userAgent	返回由客户机发送给服务器的 user-agent 头部的值

表 15-6　Navigator 对象的常用方法表

方　　法	描　　述
javaEnabled()	指定是否在浏览器中启用 Java
taintEnabled()	规定浏览器是否启用数据污点（Data Tainting）

15.4　Location 对象

Location 对象存储着当前文档的 URL 信息，可以通过 window.location 来访问 Location 对象，具体如表 15-7 和表 15-8 所示。

表 15-7　Location 对象的常用属性表

属　　性	描　　述
hash	设置或返回从井号（#）开始的 URL（锚）
host	设置或返回主机名和当前 URL 的端口号
hostname	设置或返回当前 URL 的主机名
href	设置或返回完整的 URL
pathname	设置或返回当前 URL 的路径部分
port	设置或返回当前 URL 的端口号
protocol	设置或返回当前 URL 的协议
search	设置或返回从问号（?）开始的 URL（查询部分）

表 15-8　Location 对象的常用方法表

属　　性	描　　述
assign()	加载新的文档
reload()	重新加载当前文档
replace()	用新的文档替换当前文档

15.5　Screen 对象

Screen 对象中存放着有关显示浏览器屏幕的信息，我们可以利用这些信息使用 JavaScript 优化页面的显示输出，比如根据显示器尺寸选择输出图像的大小尺寸等。Screen 对象的属性如表 15-9 所示。

表 15-9　Screen 对象的常用属性表

属　　性	描　　述
availHeight	返回显示屏幕的高度（除 Windows 任务栏之外）
availWidth	返回显示屏幕的宽度（除 Windows 任务栏之外）
bufferDepth	设置或返回调色板的比特深度
colorDepth	返回目标设备或缓冲器上的调色板的比特深度
deviceXDPI	返回显示屏幕的每英寸水平点数
deviceYDPI	返回显示屏幕的每英寸垂直点数
fontSmoothingEnabled	返回用户是否在显示控制面板中启用了字体平滑
height	返回显示屏幕的高度
logicalXDPI	返回显示屏幕每英寸的水平方向的常规点数
logicalYDPI	返回显示屏幕每英寸的垂直方向的常规点数
pixelDepth	返回显示屏幕的颜色分辨率（比特每像素）
updateInterval	设置或返回屏幕的刷新率
width	返回显示器屏幕的宽度

15.6　History 对象

History 对象记录着用户在浏览器中访问过的 URL，开发人员无法直接得到用户浏览器的 URL，但是可以通过 History 对象实现后退和前进的操作。

History 对象仅有一个属性 history.length，它保存着历史记录的 URL 数量，初始值为 1。

History 对象提供了一系列允许在浏览历史之间移动的方法，具体的方法及其说明请参考表 15-10。

表 15-10　History 对象的常用方法表

方　　法	说　　明
go(n)	可以在用户的历史记录中任意跳转，n 代表向后或者向前跳转的页面数的整数值，负数表示向后跳转，正数表示向前跳转，参数为 0 的时候可以刷新当前页面，没有参数相当于参数为 0 的情况
forward()	等同于浏览器的前进按钮，相当于 history.go(1)

（续）

方　　法	说　　明
back()	等同于浏览器的后退按钮，相当于 history.go(-1)
pushState(state, title, url)	HTML5 中新增的方法，向 History 中添加一个状态，参数由状态对象、标题（可忽略）、可选的 URL 地址组成
replaceState(state, title, url)	HTML5 中新增的方法，修改当前的历史记录条目而非创建新条目，其他与 pushState()相同

　　在使用前三个方法的时候，若移动的位置超过 History 所记录的历史的边界则不会报错，而是会静默地失败。

思考题

　　1．这些对象在实际开发的时候有什么作用？请简要说明。

　　2．请用 setInterval()来实现一个 60 秒的倒计时器。

　　3．查阅相关资料，了解 Window 对象的更多用法。

第 16 章

JavaScript 样例

JavaScript 可以利用其语言特性实现丰富的业务逻辑来支持大、中、小型各种项目的开发，为了说明 JavaScript 的这种能力，本章将通过两个样例来进一步说明 JavaScript 的功能。

16.1 俄罗斯方块

该示例中将实现一个简单的俄罗斯方块的游戏，通过方向键切换方块类型、下落位置以及速度。

16.1.1 代码及展示

代码 16-1 提供一个极为简单的 JavaScript 实现俄罗斯方块游戏。

代码 16-1

```
<!DOCTYPE html>
<html>
<head>
</head>
<body>
    <div id="box" style="width:252px;font:25px/25px 宋体;background:#000;color:#9f9;
border:#999 20px ridge;text-shadow:2px 3px 1px #0f0;"></div>
    <script>
    var map = eval("[" + Array(23).join("0x801,") + "0xfff]");
    var tatris = [[0x6600], [0x2222, 0xf00], [0xc600, 0x2640], [0x6c00, 0x4620],
[0x4460, 0x2e0, 0x6220, 0x740], [0x2260, 0xe20, 0x6440, 0x4700], [0x2620, 0x720,
0x2320, 0x2700]];
    var keycom = { "38": "rotate(1)", "40": "down()", "37": "move(2,1)", "39":
"move(0.5,-1)" };
    var dia, pos, bak, run;
    function start() {
      dia = tatris[~~(Math.random() * 7)];
      bak = pos = { fk: [], y: 0, x: 4, s: ~~(Math.random() * 4) };
      rotate(0);
    }
    function over() {
      document.onkeydown = null;
      clearInterval(run);
```

```
          alert("GAME OVER");
        }
      function update(t) {
        bak = { fk: pos.fk.slice(0), y: pos.y, x: pos.x, s: pos.s };
        if (t) return;
        for (var i = 0, a2 = ""; i < 22; i++)
          a2 += map[i].toString(2).slice(1, -1) + "<br/>";
        for (var i = 0, n; i < 4; i++)
          if (/([^0]+)/.test(bak.fk[i].toString(2).replace(/1/g, "\u25a1")))
            a2 = a2.substr(0, n = (bak.y + i + 1) * 15 - RegExp.$_.length - 4) +
RegExp.$1 + a2.slice(n + RegExp.$1.length);
        document.getElementById("box").innerHTML = a2.replace(/1/g, "\u25a0").replace
(/0/g, "\u3000");
      }
      function is() {
        for (var i = 0; i < 4; i++)
          if ((pos.fk[i] & map[pos.y + i]) != 0) return pos = bak;
      }
      function rotate(r) {
        var f = dia[pos.s = (pos.s + r) % dia.length];
        for (var i = 0; i < 4; i++)
          pos.fk[i] = (f >> (12 - i * 4) & 15) << pos.x;
        update(is());
      }
      function down() {
        ++pos.y;
        if (is()) {
          for (var i = 0; i < 4 && pos.y + i < 22; i++)
            if ((map[pos.y + i] |= pos.fk[i]) == 0xfff)
              map.splice(pos.y + i, 1), map.unshift(0x801);
          if (map[1] != 0x801) return over();
          start();
        }
        update();
      }
      function move(t, k) {
        pos.x += k;
        for (var i = 0; i < 4; i++)
          pos.fk[i] *= t;
        update(is());
      }
      document.onkeydown = function (e) {
        eval(keycom[(e ? e : event).keyCode]);
      };
      start();
      run = setInterval("down()", 400);
    </script>
  </body>
</html>
```

俄罗斯方块游戏效果如图 16-1 所示。

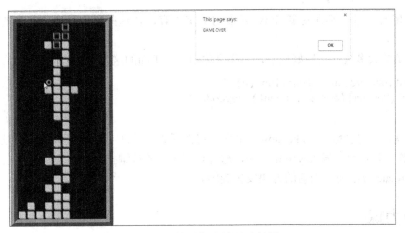

图 16-1　俄罗斯方块游戏效果

16.1.2　代码分析

```
<div id="box"
    style="width:252px;font:25px/25px 宋体;background:#000;color:#9f9;border:#999
20px ridge;text-shadow:2px 3px 1px #0f0;"></div>
```

这段代码显示出一个游戏界面，通过设置一个 Div 的 border、color 等属性，尤其是 border 属性的 ridge 参数，让游戏能够在一个有立体感的空间里进行。

```
var map = eval("[" + Array(23).join("0x801,") + "0xfff]");
        var tatris = [[0x6600], [0x2222, 0xf00], [0xc600, 0x2640], [0x6c00,
0x4620], [0x4460, 0x2e0, 0x6220, 0x740], [0x2260, 0xe20, 0x6440, 0x4700], [0x2620,
0x720, 0x2320, 0x2700]];
        var keycom = { "38": "rotate(1)", "40": "down()", "37": "move(2,1)", "39":
"move(0.5,-1)" };
        var dia, pos, bak, run;
```

这段代码初始化了游戏中的参数，以及键盘动作对于页面元素修改的 HTML 代码。代码最为有趣的是使用了字符来描绘方块的移动轨迹，通过 Chrome 的元素查看功能可以看到以下界面，如图 16-2 所示。

图 16-2　Chrome 元素检查器

可以发现游戏时刻都在更新 box 元素的文字内容，让这些文字内容对齐就像一个个方块在移动。

中间的函数大多数都比较好理解，不作具体阐释。下面的这个方法值得注意：

```
document.onkeydown = function (e) {
    eval(keycom[(e ? e : event).keyCode]);
};
```

每次键盘按下时会触发 onkeydown 事件，将按下的键通过 e 变量传入，再通过 eval 方法连接一些列操作，最后会触发 keycom 方法，通过识别不同的按键执行操作。例如，上键对应 38 号指令，调用 rotate 方法使得当前的方块发生旋转。

16.2 弹力球

该示例中我们将实现弹力球小游戏，通过左右滑动最下方的挡板，反弹弹力球，从而打掉上面的积分块而获得得分。

16.2.1 代码及展示

代码 16-2 提供一个极为简单的 JavaScript 实现的弹力球小游戏。

代码 16-2

```
<!DOCTYPE html>
<html>
<head>
  <meta charset="utf-8" />
  <title>弹力球小游戏</title>
  <style>
   * {
     padding: 0; margin: 0;
   }
   canvas {
     background: #eee;
     display: block;
     margin: 0 auto;
   }
  </style>
</head>
<body>
<canvas id="myCanvas" width="480" height="320"></canvas>
<script>
  var canvas = document.getElementById("myCanvas");
  var ctx = canvas.getContext("2d");
  var ballRadius = 10;
  var x = canvas.width / 2;
  var y = canvas.height - 30;
  var dx = 2;
  var dy = -2;
  var paddleHeight = 10;
  var paddleWidth = 75;
  var paddleX = (canvas.width - paddleWidth) / 2;
```

```
var rightPressed = false;
var leftPressed = false;
var brickRowCount = 5;
var brickColumnCount = 3;
var brickWidth = 75;
var brickHeight = 20;
var brickPadding = 10;
var brickOffsetTop = 30;
var brickOffsetLeft = 30;
var score = 0;
var lives = 3;

var bricks = [];
for(var c = 0; c < brickColumnCount; c++) {
  bricks[c] = [];
  for(var r = 0; r < brickRowCount; r++) {
    bricks[c][r] = { x: 0, y: 0, status: 1 };
  }
}

document.addEventListener("keydown", keyDownHandler, false);
document.addEventListener("keyup", keyUpHandler, false);
document.addEventListener("mousemove", mouseMoveHandler, false);

function keyDownHandler(e) {
  if (e.keyCode == 39) {
    rightPressed = true;
  } else if (e.keyCode == 37) {
    leftPressed = true;
  }
}
function keyUpHandler(e) {
  if(e.keyCode == 39) {
    rightPressed = false;
  } else if(e.keyCode == 37) {
    leftPressed = false;
  }
}
function mouseMoveHandler(e) {
  var relativeX = e.clientX - canvas.offsetLeft;
  if(relativeX > 0 && relativeX < canvas.width) {
    paddleX = relativeX - paddleWidth / 2;
  }
}
function collisionDetection() {
  for(var c = 0; c < brickColumnCount; c++) {
    for(var r = 0; r < brickRowCount; r++) {
      var b = bricks[c][r];
      if(b.status == 1) {
        if(x > b.x && x < b.x + brickWidth && y > b.y && y < b.y + brickHeight)
{
          dy = -dy;
          b.status = 0;
```

```
                score++;
                if(score == brickRowCount * brickColumnCount) {
                  alert("恭喜通关!");
                  document.location.reload();
                }
              }
            }
          }
        }
      }

    function drawBall() {
      ctx.beginPath();
      ctx.arc(x, y, ballRadius, 0, Math.PI*2);
      ctx.fillStyle = "#0095DD";
      ctx.fill();
      ctx.closePath();
    }
    function drawPaddle() {
      ctx.beginPath();
      ctx.rect(paddleX, canvas.height - paddleHeight, paddleWidth, paddleHeight);
      ctx.fillStyle = "#0095DD";
      ctx.fill();
      ctx.closePath();
    }
    function drawBricks() {
      for(var c = 0; c < brickColumnCount; c++) {
        for(var r = 0; r < brickRowCount; r++) {
          if(bricks[c][r].status == 1) {
            var brickX = (r * (brickWidth + brickPadding)) + brickOffsetLeft;
            var brickY = (c * (brickHeight + brickPadding)) + brickOffsetTop;
            bricks[c][r].x = brickX;
            bricks[c][r].y = brickY;
            ctx.beginPath();
            ctx.rect(brickX, brickY, brickWidth, brickHeight);
            ctx.fillStyle = "#0095DD";
            ctx.fill();
            ctx.closePath();
          }
        }
      }
    }
    function drawScore() {
      ctx.font = "16px Arial";
      ctx.fillStyle = "#0095DD";
      ctx.fillText("得分: " + score, 8, 20);
    }
    function drawLives() {
      ctx.font = "16px Arial";
      ctx.fillStyle = "#0095DD";
      ctx.fillText("难度: " + lives, canvas.width - 65, 20);
    }
```

```
function draw() {
  ctx.clearRect(0, 0, canvas.width, canvas.height);
  drawBricks();
  drawBall();
  drawPaddle();
  drawScore();
  drawLives();
  collisionDetection();

  if(x + dx > canvas.width-ballRadius || x + dx < ballRadius) {
    dx = -dx;
  }
  if(y + dy < ballRadius) {
    dy = -dy;
  }
  else if(y + dy > canvas.height-ballRadius) {
    if(x > paddleX && x < paddleX + paddleWidth) {
      dy = -dy;
    } else {
      lives--;
      if(!lives) {
        alert("游戏结束");
        document.location.reload();
      } else {
        x = canvas.width / 2;
        y = canvas.height - 30;
        dx = 3;
        dy = -3;
        paddleX = (canvas.width - paddleWidth) / 2;
      }
    }
  }

  if(rightPressed && paddleX < canvas.width - paddleWidth) {
    paddleX += 7;
  } else if(leftPressed && paddleX > 0) {
    paddleX -= 7;
  }

  x += dx;
  y += dy;
  requestAnimationFrame(draw);
}

draw();
</script>
</body>
</html>
```

弹力球小游戏效果如图 16-3 所示。

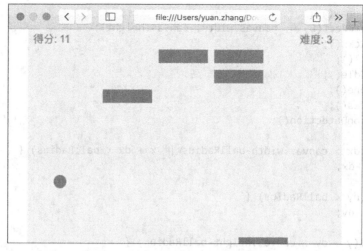

图 16-3　弹力球小游戏效果

16.2.2　代码分析

在该样例中,我们通过 canvas 实现页面动画的绘制。

```
<canvas id="myCanvas" width="480" height="320"></canvas>
```

该样例的页面主要分为五部分:得分、难度、球、托板、分值板。通过 window.requestAnimationFrame 方法告诉浏览器,希望执行一个动画,并且要求浏览器在下次重绘之前调用指定的回调函数更新动画。一般通过 draw 方法进行调用,通过该方法的递归调用,实现弹力球小游戏的持续运行。具体流程主要在 draw 函数中。

```
// 绘制动画,实现弹力球效果
function draw() {
    // 绘制动画

    drawBricks(); // 绘制分值板
    drawBall(); // 绘制球
    drawPaddle(); // 绘制托板
    drawScore();  // 输出得分
    drawLives();  // 输出剩余次数
    collisionDetection(); // 计算分值板是否打掉
    // 移动小球

    requestAnimationFrame(draw); // 下一轮绘制
}
```

思考题

1．分析俄罗斯方块实例代码 16-1 和弹力球实例代码 16-2,它们都使用了哪些 JavaScript 技术?

2．分析弹力球实例代码 16-2,分析其 CSS 是如何控制页面显示的?

第17章
综合案例：简易计算器

使用 JavaScript + HTML + CSS 实现一个简易的计算器，通过该样例，可以了解页面布局、样式设置、JavaScript 脚本使用。

17.1 界面

简易计算器界面见图 17-1 和图 17-2。例如，计算 $12 \times 5 = 60$ 的结果。

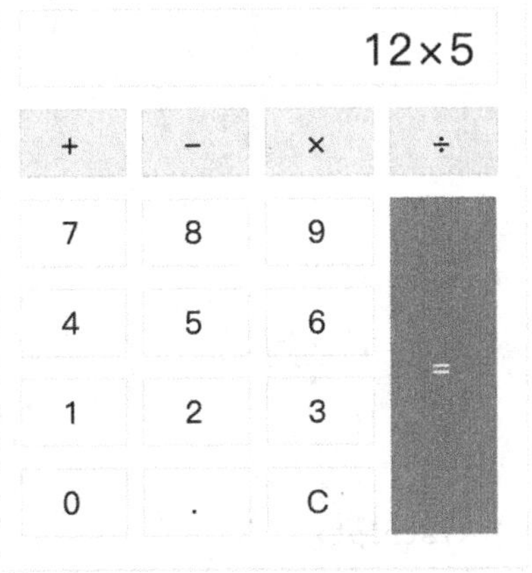

图 17-1 简易计算器

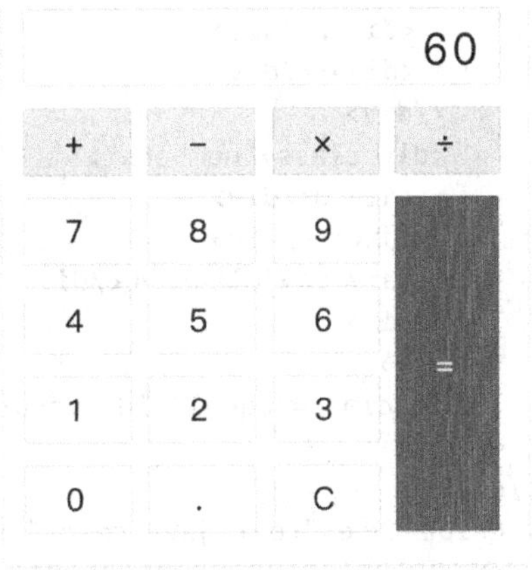

图 17-2 计算结果

17.2 代码及说明

下面将分成 HTML、CSS、JavaScript 三部分来呈现代码以及对应代码的解释说明。

17.2.1 HTML

下面代码提供简易计算器的 HTML 源码。

```
<!DOCTYPE html>
<html>
<head>
  <title>计算器</title>
  <link rel="stylesheet" type="text/css" href="main.css">
</head>
```

```html
<body>
  <div class="calculator">
    <div class="input" id="input"></div>
    <div class="buttons">
      <div class="operators">
        <div>+</div>
        <div>-</div>
        <div>&times;</div>
        <div>&divide;</div>
      </div>
      <div class="leftPanel">
        <div class="numbers">
          <div>7</div>
          <div>8</div>
          <div>9</div>
        </div>
        <div class="numbers">
          <div>4</div>
          <div>5</div>
          <div>6</div>
        </div>
        <div class="numbers">
          <div>1</div>
          <div>2</div>
          <div>3</div>
        </div>
        <div class="numbers">
          <div>0</div>
          <div>.</div>
          <div id="clear">C</div>
        </div>
      </div>
      <div class="equal" id="result">=</div>
    </div>
  </div>
  <script type="text/javascript" src="main.js"></script>
</body>
</html>
```

在该 HTML 中，我们实现了简易计算器的 DOM 布局，包括显示区域、运算符按钮区域、0～9 数字按钮区域、计算按钮和重置按钮。

17.2.2 CSS

下面代码提供简易计算器的 CSS 源码。

```css
* {
  margin: 0;
  padding: 0;
}
body {
  width: 500px;
  margin: 4% auto;
```

```css
  font-family: 'Source Sans Pro', sans-serif;
  letter-spacing: 5px;
  font-size: 1.8rem;
  -moz-user-select: none;
  -webkit-user-select: none;
  -ms-user-select: none;
}

.calculator {
  padding: 20px;
  -webkit-box-shadow: 0px 1px 4px 0px rgba(0, 0, 0, 0.2);
  box-shadow: 0px 1px 4px 0px rgba(0, 0, 0, 0.2);
  border-radius: 1px;
}

.input {
  overflow-x: auto;
  border: 1px solid #ddd;
  border-radius: 1px;
  height: 60px;
  padding-right: 15px;
  padding-top: 10px;
  margin-right: 6px;
  font-size: 2.5rem;
  text-align: right;
  transition: all .2s ease-in-out;
}

.input:hover {
  border: 1px solid #bbb;
  box-shadow: inset 0px 1px 4px 0px rgba(0, 0, 0, 0.2);
  -webkit-box-shadow: inset 0px 1px 4px 0px rgba(0, 0, 0, 0.2);
}

.buttons {}

.operators {}

.operators div {
  display: inline-block;
  width: 80px;
  border: 1px solid #bbb;
  border-radius: 1px;
  text-align: center;
  padding: 10px;
  margin: 20px 1px 10px 0;
  cursor: pointer;
  background-color: #ddd;
  transition: border-color .2s ease-in-out, background-color .2s, box-shadow .2s;
}

.operators div:hover {
  background-color: #ddd;
```

```css
  -webkit-box-shadow: 0px 1px 4px 0px rgba(0, 0, 0, 0.2);
  box-shadow: 0px 1px 4px 0px rgba(0, 0, 0, 0.2);
  border-color: #aaa;
}

.operators div:active {
  font-weight: bold;
}

.leftPanel {
  display: inline-block;
}

.numbers div {
  display: inline-block;
  border: 1px solid #ddd;
  border-radius: 1px;
  width: 80px;
  text-align: center;
  padding: 10px;
  margin: 10px 1px 10px 0;
  cursor: pointer;
  background-color: #f9f9f9;
  transition: border-color .2s ease-in-out, background-color .2s, box-shadow .2s;
}

.numbers div:hover {
  background-color: #f1f1f1;
  -webkit-box-shadow: 0px 1px 4px 0px rgba(0, 0, 0, 0.2);
  box-shadow: 0px 1px 4px 0px rgba(0, 0, 0, 0.2);
  border-color: #bbb;
}

.numbers div:active {
  font-weight: bold;
}

div.equal {
  display: inline-block;
  border: 1px solid #3079ED;
  border-radius: 1px;
  width: 17%;
  text-align: center;
  padding: 134px 10px;
  margin: 10px 6px 10px 0;
  vertical-align: top;
  cursor: pointer;
  color: #FFF;
  background-color: #4d90fe;
  transition: all .2s ease-in-out;
}

div.equal:hover {
```

```css
  background-color: #307CF9;
  -webkit-box-shadow: 0px 1px 4px 0px rgba(0, 0, 0, 0.2);
  box-shadow: 0px 1px 4px 0px rgba(0, 0, 0, 0.2);
  border-color: #1857BB;
}

div.equal:active {
  font-weight: bold;
}
```

在 ".calculator" 过滤器设置计算器整体样式，".input" 为计算结果的样式设置，".operators div" 为运算符按钮的样式，".numbers div" 为计算器按钮的样式，"div.equal" 为计算结果按钮的样式。通过对不同模块设置不同的样式效果，模拟计算器界面。

17.2.3　JavaScript

下面代码提供简易计算器的 JavaScript 源码。

```javascript
const input = document.getElementById('input'); // 输入输出显示
const number = document.querySelectorAll('.numbers div'); // 数字按钮
const operator = document.querySelectorAll('.operators div'); // 操作按钮
const result = document.getElementById('result'); // 等于按钮
const clear = document.getElementById('clear'); // 复位按钮
let resultDisplayed = false; // 标识结果是否显示，该值为 true 表示显示的为计算结果

// 对数字按钮添加 click 事件回调
for (var i = 0; i < number.length; i++) {
  number[i].addEventListener("click", function(e) {

    // 存储当前输入的字符串和最后输入的一个字符
    var currentString = input.innerHTML;
    var lastChar = currentString[currentString.length - 1];

    // 如果结果标识为不显示，则继续计算
    if (resultDisplayed === false) {
      input.innerHTML += e.target.innerHTML;
    } else if (resultDisplayed === true && ['+', '-', 'x', '÷'].indexOf
(lastChar) >= 0) {
      // 如果是显示结果状态，并且输入了操作符 + - x ÷
      // 则添加该字符到输入字符串最后，并设置显示结果为 false
      resultDisplayed = false;
      input.innerHTML += e.target.innerHTML;
    } else {
      // 如果是显示结果状态，并且输入了一个数字
      // 则设置当前显示内容为输入的数字
      resultDisplayed = false;
      input.innerHTML = "";
      input.innerHTML += e.target.innerHTML;
    }
  });
}

// 添加操作按钮的 click 事件响应操作
for (var i = 0; i < operator.length; i++) {
```

```
    operator[i].addEventListener("click", function(e) {

        // 存储当前输入的字符串和最后输入的一个字符
        var currentString = input.innerHTML;
        var lastChar = currentString[currentString.length - 1];

        // 如果上一个输入是操作符，则用新输入的字符替换之前的操作符
        if (lastChar === "+" || lastChar === "-" || lastChar === "x"||lastChar === "÷") {
            var newString = currentString.substring(0, currentString.length - 1) +
e.target.innerHTML;
            input.innerHTML = newString;
        } else if (currentString.length == 0) {
            // 如果最开始输入了操作符，则忽略
            console.log("enter a number first");
        } else {
            // 添加该操作符到字符串最尾端
            input.innerHTML += e.target.innerHTML;
        }
    });
}

// 当输入了等于操作符，进行结果计算
result.addEventListener("click", function() {

    // 这是我们将要计算结果的字符串，例如：10+26+33-56*34/23
    var inputString = input.innerHTML;

    // 获取操作数字，并放入到数组中
    var numbers = inputString.split(/\+|\-|\x|\÷/g);

    // 格式化操作运算符，上述例子中的操作运算符 ["+", "+", "-", "*", "/"]
    // 使用空字符串替换所有的数字，然后使用空字符串分割，得到操作运算符数组
    var operators = inputString.replace(/[0-9]|\./g, "").split("");

    console.log(inputString);
    console.log(operators);
    console.log(numbers);
    console.log("----------------------------");

    // 我们循环处理运算符数组，并且一次处理一个运算符
    // 首先除法，然后乘法，再减法、加法
    // 随着合并最开始的两个操作数，并删除最开始的运算符
    // 最后剩下一个操作数时，就是我们要计算的结果

    // 除法
    var divide = operators.indexOf("÷");
    while (divide != -1) {
      numbers.splice(divide, 2, numbers[divide] / numbers[divide + 1]);
      operators.splice(divide, 1);
      divide = operators.indexOf("÷");
    }

    // 乘法
    var multiply = operators.indexOf("x");
    while (multiply != -1) {
```

```
        numbers.splice(multiply, 2, numbers[multiply] * numbers[multiply + 1]);
        operators.splice(multiply, 1);
        multiply = operators.indexOf("×");
      }

      // 减法
      var subtract = operators.indexOf("-");
      while (subtract != -1) {
        numbers.splice(subtract, 2, numbers[subtract] - numbers[subtract + 1]);
        operators.splice(subtract, 1);
        subtract = operators.indexOf("-");
      }

      // 加法
      var add = operators.indexOf("+");
      while (add != -1) {
        // 为了防止字符串拼接，需要把数字转成浮点数进行计算
        numbers.splice(add, 2, parseFloat(numbers[add]) + parseFloat(numbers[add + 1]));
        operators.splice(add, 1);
        add = operators.indexOf("+");
      }

      // 显示输出结果
      input.innerHTML = numbers[0];

      // 设置结果显示状态为 true
      resultDisplayed = true;
  });


  // 按复位键后清空所有内容
  clear.addEventListener("click", function() {
    input.innerHTML = "";
  });
```

JavaScript 代码主要实现了计算器的逻辑部分代码。代码主要分为 5 个主要逻辑块：

● 显示器模块。主要显示输入的内容和输出的结果。
● 数字按钮单击处理逻辑。如果当前状态为计算状态，则追加该计算数字；如果是显示结果状态，并且上一个输入是运算符，则追加该计算数字；否则清空之前内容，重新用该数字进行计算初始化。
● 运算符按钮单击处理逻辑。如果上一个输入是运算符，则用该新运算符替换旧运算符，否则追加该运算符到计算公式中。
● 计算结果按钮处理逻辑。该模块逻辑相对比较复杂，在处理逻辑中，需要对计算公式进行处理，拆分成运算数字数组和运算符数组，从左到右依次计算得到最后结果。
● 清空按钮。清空输入的内容，进行重置操作。

思考题

1. 查阅相关资料，了解 JavaScript 中 Math 对象的所有方法。
2. 对计算器进行扩展，实现科学计算器功能。

第18章
综合案例：待办清单 Web App

在不借助于现成样式库和框架的基础上，可以用原生的方式实现待办清单 Web App，达到对前端开发基础知识的掌握。

18.1 界面

接下来提供一个待办清单 Web App 的实现。该页面支持移动端和 PC 端，在通过 JavaScript 实现相应逻辑的同时，提供少量 HTML 和 CSS 代码显示界面。 界面见图 18-1 和图 18-2。

图 18-1 待办清单 PC 版　　　　　　　　　　图 18-2 待办清单移动版

18.2 代码及说明

下面将分成 HTML、CSS、JavaScript 三部分来呈现代码以及对应代码的解释说明。

18.2.1 HTML

下面代码提供待办清单的 HTML 源码。

```
<!DOCTYPE html>
<html>
<head>
  <title>清单</title>
  <meta charset="UTF-8">
  <meta name="viewport" content="width=device-width, initial-scale=1.0">
  <meta http-equiv="X-UA-Compatible" content="ie=edge">
  <link       rel="stylesheet"       href="https://maxcdn.bootstrapcdn.com/font-
awesome/4.5.0/css/font-awesome.min.css">
  <link rel="stylesheet" href="css/main.css">
</head>
<body>
  <div class="container">
    <div id="tip" class="alert">请输入新增清单内容</div>
    <div class="todo-container">
      <div class="todo-header">清单列表</div>
      <div class="todo-input">
        <input type="text" class="form-control text-capitalize" id="itemInput"
placeholder="请输入新增清单内容...">
        <div class="input-group-append btn" onclick="addItem()">添加</div>
      </div>
      <div>
        <div class="clear-all btn" onclick="removeAll()">删除全部</div>
      </div>
      <div id="todoList" class="todo-list">
      </div>
    </div>
  </div>
  <script src="js/main.js"></script>
</body>
</html>
```

在 HTML 中主要使用 Div 标签添加了错误提示块、待办事项输入块、清空所有事项块、待办列表块。

通过添加名为 viewport 的 meta 标签，兼容对移动设备的支持。

```
<meta name="viewport" content="width=device-width, initial-scale=1.0">
```

通过引入 font- awesome 字体，能够自定义文字按钮，如图 18-2 中每一项的三个操作按钮都是这么实现的。

18.2.2 CSS

下面代码提供待办清单的 CSS 源码。

```
* {
 margin: 0;
 padding: 0;
}

body {
```

```css
      background: #f5f5f5;
    }

    .fa {
      cursor: pointer;
    }
    .btn {
      display: inline-block;
      box-sizing: border-box;
      border: 1px solid #80cfa8;
      border-radius: 4px;
      font-weight: 400;
      text-align: center;
      white-space: nowrap;
      vertical-align: middle;
      user-select: none;
      padding: .375rem .75rem;
      font-size: 1rem;
      color: #80cfa8;
      line-height: 1.5;
      cursor: pointer;
      transition: color .15s ease-in-out,background-color .15s ease-in-out,border-
color .15s ease-in-out,box-shadow .15s ease-in-out;
    }
    .btn:hover {
      background: #80cfa8;
      color: #fff;
    }

    .container {
      max-width: 80vw;
      margin: auto;
    }

    .alert {
      position: relative;
      display: none;
      text-align: center;
      padding: 20px;
      margin: 20px 0;
      color: #721c24;
      background-color: #f8d7da;
      border: 1px solid #f5c6cb;
      border-radius: 4px;
    }
    .alert.show-tip {
      display: block;
    }

    .todo-header {
      text-align: center;
      font-size: 24px;
      line-height: 60px;
    }
```

```css
.todo-input .form-control {
  width: calc(100% - 100px);
  display: inline-block;
  box-sizing: border-box;
  padding: .375rem .75rem;
  font-size: 1rem;
  line-height: 1.5;
  color: #485057;
  background-color: #fff;
  background-clip: padding-box;
  border: 1px solid #80cfa8;
  border-radius: 4px 0 0 4px;
  transition: border-color .15s ease-in-out,box-shadow .15s ease-in-out;
}
.todo-input .btn {
  position: absolute;
  width: 100px;
  border-left: none;
  border-radius: 0 4px 4px 0;
}

.clear-all {
  margin-top: 20px;
}

.todo-list {
  padding-top: 10px;
}
.list-item {
  line-height: 60px;
  padding: 0 20px;
  border-bottom: 1px solid #dcdcdc;
}
.list-item:last-child {
  border-bottom: none;
}
.list-item:hover {
  background: #80cfa8;
  color: #fff;
}
.list-item .text {
  display: inline-block;
  width: calc(100% - 100px);
  line-height: 20px;
}
.list-item .opt {
  float: right;
  display: inline-block;
}
.list-item[data-status=true] {
  text-decoration: line-through;
}
```

```css
.list-item[data-status=true] .text {
  opacity: 0.6;
  text-decoration: line-through;
}
.list-item[data-status=true] .fa-check {
  opacity: 0.6;
}
```

以上代码定义待办事项输入栏样式、错误提示样式、按钮默认样式和滑动上去后的样式，以及待办列表样式。

18.2.3 JavaScript

下面代码提供待办清单的 JavaScript 源码。

```javascript
let todoItems = [];                                    // 清单列表
const STORAGE_KEY = 'todoItems';                       // localstrage 缓存 key

// 从 localstorage 存储中获取暂存数据
const getStoreItems = function(key) {
  let items = [];
  const storeInfo = localStorage.getItem(key);
  if (storeInfo === 'undefined' || storeInfo === null){
    items = [];
  } else {
    items = JSON.parse(storeInfo);
  }
  return items;
}


// 把已有列表更新到缓存数据中
const setStoreItems = function(key, items) {
  localStorage.setItem(key, JSON.stringify(items || []));
}


// 添加新清单项，直接获取清单内容后，把数据渲染到 DOM 上
// 同时存储到 localstorage
const addItem = function() {
 // 获取输入框内容
  const inputDom = document.querySelector('#itemInput');
  if (!inputDom.value) {
    const tip = document.querySelector('#tip');
    tip.classList.add('show-tip');
    // 三秒后隐藏提示内容
    setTimeout(function() {
      tip.classList.remove('show-tip');
    }, 3000);
  } else {
    const item = {
      id: (new Date()).getTime(),
      text: inputDom.value,
      finished: false
    };
    todoItems.push(item);
```

```
      appendItemToDom(item, todoItems.length - 1);
      setStoreItems(STORAGE_KEY, todoItems);
      inputDom.value = '';
  }
}

const appendItemToDom = function(item, idx) {
  const todoList = document.querySelector('#todoList');
  const node = document.createElement("div");
  todoList.appendChild(node);
  node.outerHTML = `
    <div class="list-item" data-id="${item.id}" data-status="${item.finished}">
      <span class="text">${item.text}</span>
      <div class="opt">
        <span title="更新"><i class="fa fa-check fa-fw opt-btn"></i></span>
        <span title="编辑"><i class="fa fa-edit fa-fw opt-btn"></i></span>
        <span title="删除"><i class="fa fa-trash-o fa-fw opt-btn"></i></span>
      </div>
    </div>
  `;
}

// 在 DOM 中添加清单列表用于显示
const appendItemsToDom = function(items) {
  for (let idx = 0; idx < items.length; idx++) {
    appendItemToDom(items[idx], idx);
  }
}

// 根据 id，删除对应的 item
const removeItem = function(items, id) {
  for (let idx = 0; idx < items.length; idx++) {
    const item = items[idx];
    if (item.id == id) {
      items.splice(idx, 1);
      const matchedDom = document.querySelector('[data-id="' + id + '"]');
      matchedDom.remove();
      break;
    }
  }
  setStoreItems(STORAGE_KEY, items);
}

// 根据 id，更新对应 item 的状态
const updateItemStatus = function(items, id) {
  for (let idx = 0; idx < items.length; idx++) {
    const item = items[idx];
    if (item.id == id) {
      item.finished = !item.finished;
      const matchedDom = document.querySelector('[data-id="' + id + '"]');
      matchedDom.dataset.status = item.finished;
      break;
    }
```

```
  }
  setStoreItems(STORAGE_KEY, items);
}

// 根据 id, 编辑对应 item 的内容
const editItem = function(items, id) {
  for (let idx = 0; idx < items.length; idx++) {
    const item = items[idx];
    if (item.id == id) {
      const inputDom = document.querySelector('#itemInput');
      inputDom.value = item.text;
      const matchedDom = document.querySelector('[data-id="' + id + '"]');
      matchedDom.remove();
      items.splice(idx, 1);
      break;
    }
  }
}

// 删除所有清单列表
const removeAll = function() {
  todoItems = [];
  setStoreItems(STORAGE_KEY, todoItems);
  const todoList = document.querySelector('#todoList');
  todoList.innerHTML = '';

}

// 每次进入或者刷新页面时，进行对页面的初始化操作
const init = function() {
  todoItems = getStoreItems(STORAGE_KEY);
  appendItemsToDom(todoItems);
  console.info(todoItems);
}

// 添加事件代理监听，用于处理单击事件
document.body.addEventListener('click', function(event) {
  const className = event.target.className;
  if (className.indexOf('opt-btn') >= 0) {
    const id = parseInt(event.target.parentNode.parentNode.parentNode.dataset.id);
    if (className.indexOf('fa-check') >= 0) {
      updateItemStatus(todoItems, id);
    } else if (className.indexOf('fa-edit') >= 0) {
      editItem(todoItems, id);
    } else if (className.indexOf('fa-trash-o') >= 0) {
      removeItem(todoItems, id);
    }
  }
});

init();
```

JavaScript 在这里主要实现了下面几个功能：

- 读取和存储清单列表到 localstorage，使用 localstorage 作为数据存储方式，在实际情况中，一般都是使用服务端 API 作为数据保存和获取的方式，这样保证在不同浏览器中可以同步之前添加或者更新的数据。
- 添加新待办事项逻辑，如果为空，则添加错误提示；如果有内容，则更新到 localstorage 内容，并且更新页面显示的待办内容列表。
- 待办列表，显示当前待办事项，页面初始化时从 localstorage 中读取待办清单列表。
- 删除全部事项，更新 localstorage 中的待办清单列表，更新页面待办列表 HTML 内容。
- 更新待办、编辑待办、删除待办为对某一具体事项进行相关操作，通过事件监听的方式实现。每次单击可以获取到待办事项的 ID，通过 ID 获取到对应事项内容进行更新，并操作 localstorage 中存储的数据。

思考题

添加选择器，通过 select 或者按钮实现全部清单、未完成清单、已完成清单过滤查询。

在实际的前端开发中，人们通常不会直接使用 HTML+CSS+JavaScript 从头开始开发 Web 管理系统，而是借助于已有的管理后台模板及相关库文件实现页面功能。本章介绍使用模板搭建一个 Web 管理 demo 网站，在该网站使用了 bootstrap、jquery、datatables、chartjs、sbadmin 等库文件。

19.1 界面

1）注册页面。如图 19-1 所示。

图 19-1 注册页面

2）登录页面。如图 19-2 所示。

图 19-2 登录页面

3）Web 管理系统首页，展示一些概要信息，如图 19-3 所示。该系统页面布局按照左右结构布局，左侧为菜单列表，右侧为具体内容；右侧为上下布局，上侧为用户信息和搜索功能，下侧为该页面详细信息。

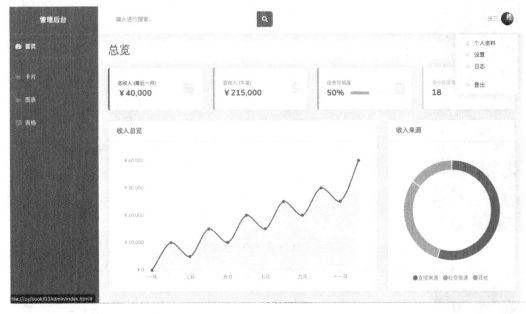

图 19-3　Web 管理系统首页

4）Web 管理系统卡片展示页面，展示两种不同类型的卡片及不同配置效果，如图 19-4 所示。

图 19-4　Web 管理系统卡片页面

5）Web 管理系统图表页面，展示常见的三类图表，示例说明系统会经常使用可视化展示数据，图表是一个不错的选择，如图 19-5 所示。

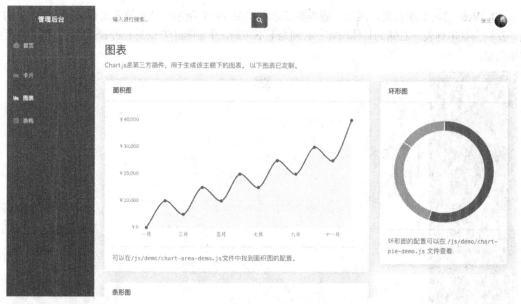

图 19-5　Web 管理系统图表页面

6）Web 管理系统表格页面，展示表格数据信息，如图 19-6 所示。

图 19-6　Web 管理系统表格页面

19.2　代码及说明

下面将给出本案例中 HTML、CSS、JavaScript 三部分代码，并对代码进行解释说明。

19.2.1　HTML

该案例中包含了注册页（register.html）、登录页（login.html）、首页（index.html）、图表页（charts.html）、卡片页（cards.html）以及表格页(table.html)。

（1）register.html 页面

```
<!DOCTYPE html>
<html lang="en">
<head>
  <meta charset="utf-8">
  <meta http-equiv="X-UA-Compatible" content="IE=edge">
  <meta name="viewport" content="width=device-width, initial-scale=1, shrink-to-
fit=no">
  <meta name="description" content="">
  <meta name="author" content="">
  <title>管理系统注册页面</title>
  <!-- Custom fonts for this template -->
  <link href="vendor/fontawesome-free/css/all.min.css" rel="stylesheet" type=
"text/css">
  <link
href="https://fonts.googleapis.com/css?family=Nunito:200,200i,300,300i,400,400i,600,6
00i,700,700i,800,800i,800,800i" rel="stylesheet">
  <!-- Custom styles for this template -->
  <link href="css/sb-admin-2.min.css" rel="stylesheet">
</head>

<body class="bg-gradient-primary">
  <div class="container">
    <div class="card o-hidden border-0 shadow-lg my-5">
      <div class="card-body p-0">
        <!-- Nested Row within Card Body -->
        <div class="row">
          <div class="col-lg-3"></div>
          <div class="col-lg-6">
            <div class="p-5">
              <div class="text-center">
                <h1 class="h4 text-gray-800 mb-4">创建账号</h1>
              </div>
              <form class="user">
                <div class="form-group row">
                  <div class="col-sm-6 mb-3 mb-sm-0">
                    <input type="text" class="form-control form-control-user" id=
"example FirstName" placeholder="姓">
                  </div>
                  <div class="col-sm-6">
                    <input type="text" class="form-control form-control-user" id=
"exampleLastName" placeholder="名">
                  </div>
                </div>
                <div class="form-group">
                  <input type="email" class="form-control form-control-user" id=
"exampleInputEmail" placeholder="邮箱地址">
                </div>
                <div class="form-group row">
                  <div class="col-sm-6 mb-3 mb-sm-0">
                    <input type="password" class="form-control form-control-user" id=
"example InputPassword" placeholder="输入密码">
```

```
                        </div>
                        <div class="col-sm-6">
                            <input type="password" class="form-control form-control-user" id=
"example RepeatPassword" placeholder="再次输入密码">
                        </div>
                    </div>
                    <a href="login.html" class="btn btn-primary btn-user btn-block">
                        注册账号
                    </a>
                </form>
            </div>
        </div>
    </div>
</div>
<!-- Bootstrap core JavaScript-->
<script src="vendor/jquery/jquery.min.js"></script>
<script src="vendor/bootstrap/js/bootstrap.bundle.min.js"></script>
<!-- Core plugin JavaScript-->
<script src="vendor/jquery-easing/jquery.easing.min.js"></script>
<!-- Custom scripts for all pages-->
<script src="js/sb-admin-2.min.js"></script>
</body>
</html>
```

（2）login.html 页面

```
<!DOCTYPE html>
<html lang="en">
<head>
  <meta charset="utf-8">
  <meta http-equiv="X-UA-Compatible" content="IE=edge">
  <meta name="viewport" content="width=device-width, initial-scale=1, shrink-to-
fit=no">
  <meta name="description" content="">
  <meta name="author" content="">
  <title>管理系统登录页面</title>
  <!-- Custom fonts for this template-->
  <link href="vendor/fontawesome-free/css/all.min.css" rel="stylesheet" type="text/
css">
  <link
href="https://fonts.googleapis.com/css?family=Nunito:200,200i,300,300i,400,400i,600,6
00i,700,700i,800,800i,800,800i" rel="stylesheet">
  <!-- Custom styles for this template-->
  <link href="css/sb-admin-2.min.css" rel="stylesheet">
</head>
<body class="bg-gradient-primary">
  <div class="container">
    <!-- Outer Row -->
    <div class="row justify-content-center">
      <div class="col-xl-10 col-lg-12 col-md-8">
        <div class="card o-hidden border-0 shadow-lg my-5">
```

```
                <div class="card-body p-0">
                  <!-- Nested Row within Card Body -->
                  <div class="row">
                    <div class="col-lg-3"></div>
                    <div class="col-lg-6">
                      <div class="p-5">
                        <div class="text-center">
                          <h1 class="h4 text-gray-800 mb-4">欢迎回来！</h1>
                        </div>
                        <form class="user">
                          <div class="form-group">
                            <input type="email" class="form-control form-control-user"
id="exampleInputEmail" aria-describedby="emailHelp" placeholder="输入邮箱地址">
                          </div>
                          <div class="form-group">
                            <input type="password" class="form-control form-control-user"
id="exampleInputPassword" placeholder="输入密码">
                          </div>
                          <div class="form-group">
                            <div class="custom-control custom-checkbox small">
                              <input type="checkbox" class="custom-control-input" id=
"customCheck">
                              <label class="custom-control-label" for="customCheck">记住我
</label>
                            </div>
                          </div>
                          <a href="index.html" class="btn btn-primary btn-user btn-block">
                            登录
                          </a>
                        </form>
                      </div>
                    </div>
                  </div>
                </div>
              </div>
            </div>
          </div>
        </div>
      </div>
    </div>
    <!-- Bootstrap core JavaScript-->
    <script src="vendor/jquery/jquery.min.js"></script>
    <script src="vendor/bootstrap/js/bootstrap.bundle.min.js"></script>
    <!-- Core plugin JavaScript-->
    <script src="vendor/jquery-easing/jquery.easing.min.js"></script>
    <!-- Custom scripts for all pages-->
    <script src="js/sb-admin-2.min.js"></script>
  </body>
</html>
```

（3）index.html 页面

由于该页面比较大，我们先说明该页面的主要结构，然后具体展示每一个模块的内容，主要
包括 Sidebar 模块、Topbar 模块、Cardinfo 模块、Cardinfo2 模块、Detail 模块。在代码中，模块
将使用两个花括号括起来展示，例如{{Sidebar}}模块。

```
<!DOCTYPE html>
<html lang="en">
```

223

```html
    <head>
    <meta charset="utf-8">
    <meta http-equiv="X-UA-Compatible" content="IE=edge">
    <meta name="viewport" content="width=device-width, initial-scale=1, shrink-to-fit=no">
    <meta name="description" content="">
    <meta name="author" content="">
    <title>管理系统首页</title>
    <!-- Custom fonts for this template-->
    <link href="vendor/fontawesome-free/css/all.min.css" rel="stylesheet" type="text/css">
    <link href="https://fonts.googleapis.com/css?family=Nunito:200,200i,300,300i,400,400i,600,600i,700,700i,800,800i,800,800i" rel="stylesheet">
    <!-- Custom styles for this template-->
    <link href="css/sb-admin-2.min.css" rel="stylesheet">
    </head>
    <body id="page-top">
    <!-- Page Wrapper -->
    <div id="wrapper">
      <!-- Sidebar -->
        {{Sidebar}}
      <!-- End of Sidebar -->

      <!-- Content Wrapper -->
      <div id="content-wrapper" class="d-flex flex-column">
        <!-- Main Content -->
        <div id="content">
          <!-- Topbar -->
            {{Topbar}}
          <!-- End of Topbar -->

          <!-- Begin Page Content -->
          <div class="container-fluid">
            <!-- Page Heading -->
            <div class="d-sm-flex align-items-center justify-content-between mb-4">
              <h1 class="h3 mb-0 text-gray-800">总览</h1>
            </div>
            <!-- Content Row -->
              {{Cardinfo}}

            <!-- Content Row -->
              {{Cardinfo2}}

            <!-- Content Row -->
              {{Detail}}
          </div>
          <!-- /.container-fluid -->

        </div>
        <!-- End of Main Content -->
      </div>
      <!-- End of Content Wrapper -->
```

```
    </div>
    <!-- End of Page Wrapper -->

    <!-- Scroll to Top Button-->
    <a class="scroll-to-top rounded" href="#page-top">
      <i class="fas fa-angle-up"></i>
    </a>

    <!-- Logout Modal-->
    <div class="modal fade" id="logoutModal" tabindex="-1" role="dialog" aria-
labelledby="exampleModalLabel" aria-hidden="true">
        <div class="modal-dialog" role="document">
          <div class="modal-content">
            <div class="modal-header">
              <h5 class="modal-title" id="exampleModalLabel">确认退出?</h5>
              <button class="close" type="button" data-dismiss="modal" aria-label=
"Close">
                <span aria-hidden="true">×</span>
              </button>
            </div>
            <div class="modal-body">单击"退出"按钮进行退出</div>
            <div class="modal-footer">
              <button class="btn btn-secondary" type="button" data-dismiss="modal">取 消
</button>
              <a class="btn btn-primary" href="login.html">退出</a>
            </div>
          </div>
        </div>
    </div>

    <!-- Bootstrap core JavaScript-->
    <script src="vendor/jquery/jquery.min.js"></script>
    <script src="vendor/bootstrap/js/bootstrap.bundle.min.js"></script>
    <!-- Core plugin JavaScript-->
    <script src="vendor/jquery-easing/jquery.easing.min.js"></script>
    <!-- Custom scripts for all pages-->
    <script src="js/sb-admin-2.min.js"></script>
    <!-- Page level plugins -->
    <script src="vendor/chart.js/Chart.min.js"></script>
    <!-- Page level custom scripts -->
    <script src="js/demo/chart-area-demo.js"></script>
    <script src="js/demo/chart-pie-demo.js"></script>
  </body>
```

index.html 页面的 Sidebar 模块，主要为页面导航列表。

```
<ul class="navbar-nav bg-gradient-primary sidebar sidebar-dark accordion"
  id="accordionSidebar">
  <!-- Sidebar - Brand -->
  <a class="sidebar-brand d-flex align-items-center justify-content-center" href=
"index.html">
    <div class="sidebar-brand-text mx-3">管理后台</div>
  </a>
```

```html
<!-- Divider -->
<hr class="sidebar-divider my-0">
<!-- Nav Item - Dashboard -->
<li class="nav-item active">
  <a class="nav-link" href="index.html">
    <i class="fas fa-fw fa-tachometer-alt"></i>
    <span>首页</span></a>
</li>
<!-- Divider -->
<hr class="sidebar-divider">
<!-- Nav Item - Charts -->
<li class="nav-item">
  <a class="nav-link" href="cards.html">
    <i class="fas fa-fw fa-chart-area"></i>
    <span>卡片</span></a>
</li>
<!-- Nav Item - Charts -->
<li class="nav-item">
  <a class="nav-link" href="charts.html">
    <i class="fas fa-fw fa-chart-area"></i>
    <span>图表</span></a>
</li>
<!-- Nav Item - Tables -->
<li class="nav-item">
  <a class="nav-link" href="tables.html">
    <i class="fas fa-fw fa-table"></i>
    <span>表格</span></a>
</li>
</ul>
```

index.html 页面的 Topbar 模块，主要为登录用户基本信息。

```html
<nav class="navbar navbar-expand navbar-light bg-white topbar mb-4 static-top shadow">
  <!-- Sidebar Toggle (Topbar) -->
  <button id="sidebarToggleTop" class="btn btn-link d-md-none rounded-circle mr-3">
    <i class="fa fa-bars"></i>
  </button>
  <!-- Topbar Search -->
  <form class="d-none d-sm-inline-block form-inline mr-auto ml-md-3 my-2 my-md-0 mw-100 navbar-search">
    <div class="input-group">
      <input type="text" class="form-control bg-light border-0 small" placeholder=" 输入进行搜索..." aria-label="Search" aria-describedby="basic-addon2">
      <div class="input-group-append">
        <button class="btn btn-primary" type="button">
          <i class="fas fa-search fa-sm"></i>
        </button>
      </div>
    </div>
  </form>
  <!-- Topbar Navbar -->
  <ul class="navbar-nav ml-auto">
    <!-- Nav Item - User Information -->
```

```html
        <li class="nav-item dropdown no-arrow">
          <a class="nav-link dropdown-toggle" href="#" id="userDropdown" role="button"
data-toggle="dropdown" aria-haspopup="true" aria-expanded="false">
            <span class="mr-2 d-none d-lg-inline text-gray-600 small">张三</span>
            <img class="img-profile rounded-circle" src="https://source.unsplash.com/
QAB-WJcbgJk/60x60">
          </a>
          <!-- Dropdown - User Information -->
          <div class="dropdown-menu dropdown-menu-right shadow animated--grow-in"
aria-labelledby="userDropdown">
            <a class="dropdown-item" href="#">
              <i class="fas fa-user fa-sm fa-fw mr-2 text-gray-400"></i>个人资料
            </a>
            <a class="dropdown-item" href="#">
              <i class="fas fa-cogs fa-sm fa-fw mr-2 text-gray-400"></i>设置
            </a>
            <a class="dropdown-item" href="#">
              <i class="fas fa-list fa-sm fa-fw mr-2 text-gray-400"></i>日志
            </a>
            <div class="dropdown-divider"></div>
            <a class="dropdown-item" href="#" data-toggle="modal" data-target=
"#logoutModal">
              <i class="fas fa-sign-out-alt fa-sm fa-fw mr-2 text-gray-400"></i>登出
            </a>
          </div>
        </li>
      </ul>
    </nav>
```

index.html 页面的 Cardinfo 模块，主要为概览信息。

```html
    <div class="row">
      <!-- Earnings (Monthly) Card Example -->
      <div class="col-xl-3 col-md-6 mb-4">
        <div class="card border-left-primary shadow h-100 py-2">
          <div class="card-body">
            <div class="row no-gutters align-items-center">
              <div class="col mr-2">
                <div class="text-xs font-weight-bold text-primary text-uppercase mb-
1">总收入 (最近一月)</div>
                <div class="h5 mb-0 font-weight-bold text-gray-800">￥40,000</div>
              </div>
              <div class="col-auto">
                <i class="fas fa-calendar fa-2x text-gray-300"></i>
              </div>
            </div>
          </div>
        </div>
      </div>
      <!-- Earnings (Monthly) Card Example -->
      <div class="col-xl-3 col-md-6 mb-4">
        <div class="card border-left-success shadow h-100 py-2">
          <div class="card-body">
```

```
            <div class="row no-gutters align-items-center">
                <div class="col mr-2">
                    <div class="text-xs font-weight-bold text-success text-uppercase mb-
1">总收入（年度)</div>
                    <div class="h5 mb-0 font-weight-bold text-gray-800">¥215,000</div>
                </div>
                <div class="col-auto">
                    <i class="fas fa-dollar-sign fa-2x text-gray-300"></i>
                </div>
            </div>
        </div>
    </div>
</div>
<!-- Earnings (Monthly) Card Example -->
<div class="col-xl-3 col-md-6 mb-4">
    <div class="card border-left-info shadow h-100 py-2">
        <div class="card-body">
            <div class="row no-gutters align-items-center">
                <div class="col mr-2">
                    <div class="text-xs font-weight-bold text-info text-uppercase mb-1">任
务完成度</div>
                    <div class="row no-gutters align-items-center">
                        <div class="col-auto">
                            <div class="h5 mb-0 mr-3 font-weight-bold text-gray-800">50%</div>
                        </div>
                        <div class="col">
                            <div class="progress progress-sm mr-2">
                                <div class="progress-bar bg-info" role="progressbar" style="width:
50%" aria-valuenow="50" aria-valuemin="0" aria-valuemax="100"></div>
                            </div>
                        </div>
                    </div>
                </div>
                <div class="col-auto">
                    <i class="fas fa-clipboard-list fa-2x text-gray-300"></i>
                </div>
            </div>
        </div>
    </div>
</div>
<!-- Pending Requests Card Example -->
<div class="col-xl-3 col-md-6 mb-4">
    <div class="card border-left-warning shadow h-100 py-2">
        <div class="card-body">
            <div class="row no-gutters align-items-center">
                <div class="col mr-2">
                    <div class="text-xs font-weight-bold text-warning text-uppercase mb-
1">等待处理请求</div>
                    <div class="h5 mb-0 font-weight-bold text-gray-800">18</div>
                </div>
                <div class="col-auto">
                    <i class="fas fa-comments fa-2x text-gray-300"></i>
                </div>
            </div>
```

```
        </div>
      </div>
    </div>
</div>
```

index.html 页面的 Cardinfo2 模块，仍主要为概览信息。

```html
<div class="row">
  <!-- Area Chart -->
  <div class="col-xl-8 col-lg-7">
    <div class="card shadow mb-4">
      <!-- Card Header - Dropdown -->
      <div class="card-header py-3 d-flex flex-row align-items-center justify-content-between">
        <h6 class="m-0 font-weight-bold text-primary">收入总览</h6>
      </div>
      <!-- Card Body -->
      <div class="card-body">
        <div class="chart-area">
          <canvas id="myAreaChart"></canvas>
        </div>
      </div>
    </div>
  </div>

  <!-- Pie Chart -->
  <div class="col-xl-4 col-lg-5">
    <div class="card shadow mb-4">
      <!-- Card Header - Dropdown -->
      <div class="card-header py-3 d-flex flex-row align-items-center justify-content-between">
        <h6 class="m-0 font-weight-bold text-primary">收入来源</h6>
      </div>
      <!-- Card Body -->
      <div class="card-body">
        <div class="chart-pie pt-4 pb-2">
          <canvas id="myPieChart"></canvas>
        </div>
        <div class="mt-4 text-center small">
          <span class="mr-2">
            <i class="fas fa-circle text-primary"></i>直接来源
          </span>
          <span class="mr-2">
            <i class="fas fa-circle text-success"></i>社交渠道
          </span>
          <span class="mr-2">
            <i class="fas fa-circle text-info"></i>其他
          </span>
        </div>
      </div>
    </div>
  </div>
</div>
```

index.html 页面的 Detail 模块，主要为详细信息。

```
<div class="row">
  <!-- Content Column -->
  <div class="col-lg-6 mb-4">
    <!-- Project Card Example -->
    <div class="card shadow mb-4">
      <div class="card-header py-3">
        <h6 class="m-0 font-weight-bold text-primary">项目进展</h6>
      </div>
      <div class="card-body">
        <h4 class="small font-weight-bold">服务器迁移<span class="float-right">
20%</span></h4>
        <div class="progress mb-4">
          <div class="progress-bar bg-danger" role="progressbar" style="width:
20%" aria-valuenow="20" aria-valuemin="0" aria-valuemax="100"></div>
        </div>
        <h4 class="small font-weight-bold">销售追踪<span class="float-right">40%
</span></h4>
        <div class="progress mb-4">
          <div class="progress-bar bg-warning" role="progressbar" style="width:
40%" aria-valuenow="40" aria-valuemin="0" aria-valuemax="100"></div>
        </div>
        <h4 class="small font-weight-bold">创建用户数据 <span class="float-
right">60% </span></h4>
        <div class="progress mb-4">
          <div class="progress-bar" role="progressbar" style="width: 60%" aria-
valuenow= "60" aria-valuemin="0" aria-valuemax="100"></div>
        </div>
        <h4 class="small font-weight-bold">付款明细 <span class="float-right">80%
</span></h4>
        <div class="progress mb-4">
          <div class="progress-bar bg-info" role="progressbar" style="width: 80%"
aria-valuenow="80" aria-valuemin="0" aria-valuemax="100"></div>
        </div>
        <h4 class="small font-weight-bold">账户设定<span class="float-right">完
成!</span></h4>
        <div class="progress">
          <div class="progress-bar bg-success" role="progressbar" style="width:
100%" aria-valuenow="100" aria-valuemin="0" aria-valuemax="100"></div>
        </div>
      </div>
    </div>
  </div>

  <div class="col-lg-6 mb-4">
    <!-- Illustrations -->
    <div class="card shadow mb-4">
      <div class="card-header py-3">
        <h6 class="m-0 font-weight-bold text-primary">插图说明</h6>
      </div>
      <div class="card-body">
        <div class="text-center">
```

```
        <img class="img-fluid px-3 px-sm-4 mt-3 mb-4" style="width: 25rem;" src=
"img/undraw_posting_photo.svg" alt="">
        </div>
        <p>借助 unDrawn，为您的项目添加一些高质量的 svg 插图，unDrawn 是不断更新的精美
svg 图像的集合，您可以完全免费地使用它们，而无需注明出处！</p>
        </div>
      </div>
    </div>
  </div>
```

（4）charts.html 页面

由于该页面比较大，我们先说明该页面的主要结构，然后具体展示每一个模块的内容，主要包括 Sidebar 模块、Topbar 模块、Content 模块。

```
<!DOCTYPE html>
<html lang="en">
<head>
  <meta charset="utf-8">
  <meta http-equiv="X-UA-Compatible" content="IE=edge">
  <meta name="viewport" content="width=device-width, initial-scale=1, shrink-to-
fit=no">
  <meta name="description" content="">
  <meta name="author" content="">
  <title>管理系统 - 图表</title>
  <!-- Custom fonts for this template-->
  <link href="vendor/fontawesome-free/css/all.min.css" rel="stylesheet" type="text/
css">
  <link
href="https://fonts.googleapis.com/css?family=Nunito:200,200i,300,300i,400,400i,600,6
00i,700,700i,800,800i,800,800i" rel="stylesheet">
  <!-- Custom styles for this template-->
  <link href="css/sb-admin-2.min.css" rel="stylesheet">
</head>
<body id="page-top">
  <!-- Page Wrapper -->
  <div id="wrapper">
    <!-- Sidebar -->
      {{Sidebar}}
    <!-- End of Sidebar -->
    <!-- Content Wrapper -->
    <div id="content-wrapper" class="d-flex flex-column">
      <!-- Main Content -->
      <div id="content">
        <!-- Topbar -->
          {{Topbar}}
        <!-- End of Topbar -->
        <!-- Begin Page Content -->
          {{Content}}
        <!-- /.container-fluid -->
      </div>
      <!-- End of Main Content -->
    </div>
    <!-- End of Content Wrapper -->
  </div>
```

```html
    <!-- End of Page Wrapper -->
    <!-- Bootstrap core JavaScript-->
    <script src="vendor/jquery/jquery.min.js"></script>
    <script src="vendor/bootstrap/js/bootstrap.bundle.min.js"></script>
    <!-- Core plugin JavaScript-->
    <script src="vendor/jquery-easing/jquery.easing.min.js"></script>
    <!-- Custom scripts for all pages-->
    <script src="js/sb-admin-2.min.js"></script>
    <!-- Page level plugins -->
    <script src="vendor/chart.js/Chart.min.js"></script>
    <!-- Page level custom scripts -->
    <script src="js/demo/chart-area-demo.js"></script>
    <script src="js/demo/chart-pie-demo.js"></script>
    <script src="js/demo/chart-bar-demo.js"></script>
  </body>
  </html>
```

charts.html 页面 Sidebar 模块，主要包含导航相关信息。

```html
<ul class="navbar-nav bg-gradient-primary sidebar sidebar-dark accordion"
id="accordionSidebar">
  <!-- Sidebar - Brand -->
  <a class="sidebar-brand d-flex align-items-center justify-content-center" href=
"index.html">
    <div class="sidebar-brand-text mx-3">管理后台</div>
  </a>
  <!-- Divider -->
  <hr class="sidebar-divider my-0">
  <!-- Nav Item - Dashboard -->
  <li class="nav-item">
    <a class="nav-link" href="index.html">
      <i class="fas fa-fw fa-tachometer-alt"></i>
      <span>首页</span></a>
  </li>
  <!-- Divider -->
  <hr class="sidebar-divider">
  <!-- Nav Item - Charts -->
  <li class="nav-item">
    <a class="nav-link" href="cards.html">
      <i class="fas fa-fw fa-chart-area"></i>
      <span>卡片</span></a>
  </li>
  <!-- Nav Item - Charts -->
  <li class="nav-item active">
    <a class="nav-link" href="charts.html">
      <i class="fas fa-fw fa-chart-area"></i>
      <span>图表</span></a>
  </li>
  <!-- Nav Item - Tables -->
  <li class="nav-item">
    <a class="nav-link" href="tables.html">
      <i class="fas fa-fw fa-table"></i>
      <span>表格</span></a>
  </li>
</ul>
```

charts.html 页面的 Topbar 模块，主要为用户信息。

```
<nav class="navbar navbar-expand navbar-light bg-white topbar mb-4 static-top
  shadow">
  <!-- Sidebar Toggle (Topbar) -->
  <button id="sidebarToggleTop" class="btn btn-link d-md-none rounded-circle mr-3">
    <i class="fa fa-bars"></i>
  </button>
  <!-- Topbar Search -->
  <form class="d-none d-sm-inline-block form-inline mr-auto ml-md-3 my-2 my-md-0
mw-100 navbar-search">
    <div class="input-group">
      <input type="text" class="form-control bg-light border-0 small" placeholder=
"输入进行搜索..." aria-label="Search" aria-describedby="basic-addon2">
      <div class="input-group-append">
        <button class="btn btn-primary" type="button">
          <i class="fas fa-search fa-sm"></i>
        </button>
      </div>
    </div>
  </form>
  <!-- Topbar Navbar -->
  <ul class="navbar-nav ml-auto">
    <!-- Nav Item - User Information -->
    <li class="nav-item dropdown no-arrow">
      <a class="nav-link dropdown-toggle" href="#" id="userDropdown" role="button"
data-toggle="dropdown" aria-haspopup="true" aria-expanded="false">
        <span class="mr-2 d-none d-lg-inline text-gray-600 small">张三</span>
        <img class="img-profile rounded-circle" src="https://source.unsplash.com/
QAB-WJcbgJk/60x60">
      </a>
      <!-- Dropdown - User Information -->
      <div class="dropdown-menu dropdown-menu-right shadow animated--grow-in"
aria-labelledby="userDropdown">
        <a class="dropdown-item" href="#">
          <i class="fas fa-user fa-sm fa-fw mr-2 text-gray-400"></i>个人资料
        </a>
        <a class="dropdown-item" href="#">
          <i class="fas fa-cogs fa-sm fa-fw mr-2 text-gray-400"></i>设置
        </a>
        <a class="dropdown-item" href="#">
          <i class="fas fa-list fa-sm fa-fw mr-2 text-gray-400"></i>日志
        </a>
        <div class="dropdown-divider"></div>
        <a class="dropdown-item" href="#" data-toggle="modal" data-target="#logout-
Modal">
          <i class="fas fa-sign-out-alt fa-sm fa-fw mr-2 text-gray-400"></i>登出
        </a>
      </div>
    </li>
  </ul>
</nav>
```

charts.html 页面的 Content 模块，主要为页面具体内容信息。

```
<div class="container-fluid">
  <!-- Page Heading -->
  <h1 class="h3 mb-2 text-gray-800">图表</h1>
  <p class="mb-4">Chart.js 是第三方插件，用于生成该主题下的图表。 以下图表已定制。</p>
  <!-- Content Row -->
  <div class="row">
    <div class="col-xl-8 col-lg-7">
      <!-- Area Chart -->
      <div class="card shadow mb-4">
        <div class="card-header py-3">
          <h6 class="m-0 font-weight-bold text-primary">面积图</h6>
        </div>
        <div class="card-body">
          <div class="chart-area">
            <canvas id="myAreaChart"></canvas>
          </div>
          <hr>可以在<code>/js/demo/chart-area-demo.js</code>文件中找到面积图的配置。
        </div>
      </div>
      <!-- Bar Chart -->
      <div class="card shadow mb-4">
        <div class="card-header py-3">
          <h6 class="m-0 font-weight-bold text-primary">条形图</h6>
        </div>
        <div class="card-body">
          <div class="chart-bar">
            <canvas id="myBarChart"></canvas>
          </div>
          <hr>
          条形图的配置可以在 <code>/js/demo/chart-bar-demo.js</code> 文件查看。
        </div>
      </div>
    </div>
    <!-- Donut Chart -->
    <div class="col-xl-4 col-lg-5">
      <div class="card shadow mb-4">
        <!-- Card Header - Dropdown -->
        <div class="card-header py-3">
          <h6 class="m-0 font-weight-bold text-primary">环形图</h6>
        </div>
        <!-- Card Body -->
        <div class="card-body">
          <div class="chart-pie pt-4">
            <canvas id="myPieChart"></canvas>
          </div>
          <hr>
          环形图的配置可以在 <code>/js/demo/chart-pie-demo.js</code> 文件查看。
        </div>
      </div>
    </div>
  </div>
</div>
```

（5）cards.html 页面

由于该页面比较大，我们先说明该页面的主要结构，然后具体展示每一个模块的内容，主要
包括 Sidebar 模块、Topbar 模块、Cardinfo 模块、Detail 模块。

```html
<!DOCTYPE html>
<html lang="en">
<head>
  <meta charset="utf-8">
  <meta http-equiv="X-UA-Compatible" content="IE=edge">
  <meta name="viewport" content="width=device-width, initial-scale=1, shrink-to-
fit=no">
  <meta name="description" content="">
  <meta name="author" content="">
  <title>管理系统 - 卡片</title>
  <!-- Custom fonts for this template-->
  <link href="vendor/fontawesome-free/css/all.min.css" rel="stylesheet" type="text/
css">
  <link
href="https://fonts.googleapis.com/css?family=Nunito:200,200i,300,300i,400,400i,600,6
00i,700,700i,800,800i,800,800i" rel="stylesheet">
  <!-- Custom styles for this template-->
  <link href="css/sb-admin-2.min.css" rel="stylesheet">
</head>
<body id="page-top">
  <!-- Page Wrapper -->
  <div id="wrapper">
    <!-- Sidebar -->
      {{Sidebar}}
    <!-- End of Sidebar -->
    <!-- Content Wrapper -->
    <div id="content-wrapper" class="d-flex flex-column">
      <!-- Main Content -->
      <div id="content">
        <!-- Topbar -->
          {{Topbar}}
        <!-- End of Topbar -->
        <!-- Begin Page Content -->
        <div class="container-fluid">
          <!-- Page Heading -->
          <div class="d-sm-flex align-items-center justify-content-between mb-4">
            <h1 class="h3 mb-0 text-gray-800">卡片</h1>
          </div>
          {{Cardinfo}}
          {{Detail}}
        </div>
        <!-- /.container-fluid -->
      </div>
      <!-- End of Main Content -->
    </div>
    <!-- End of Content Wrapper -->
  </div>
  <!-- Bootstrap core JavaScript-->
  <script src="vendor/jquery/jquery.min.js"></script>
  <script src="vendor/bootstrap/js/bootstrap.bundle.min.js"></script>
```

```
<!-- Core plugin JavaScript-->
<script src="vendor/jquery-easing/jquery.easing.min.js"></script>
<!-- Custom scripts for all pages-->
<script src="js/sb-admin-2.min.js"></script>
</body>
```

cards.html 页面 Sidebar 模块，主要包含导航相关信息。

```
<ul class="navbar-nav bg-gradient-primary sidebar sidebar-dark accordion"
id="accordionSidebar">
  <!-- Sidebar - Brand -->
  <a class="sidebar-brand d-flex align-items-center justify-content-center"
href="index.html">
    <div class="sidebar-brand-text mx-3">管理后台</div>
  </a>
  <!-- Divider -->
  <hr class="sidebar-divider my-0">
  <!-- Nav Item - Dashboard -->
  <li class="nav-item">
    <a class="nav-link" href="index.html">
      <i class="fas fa-fw fa-tachometer-alt"></i>
      <span>首页</span></a>
  </li>

  <!-- Divider -->
  <hr class="sidebar-divider">

  <!-- Nav Item - Charts -->
  <li class="nav-item active">
    <a class="nav-link" href="cards.html">
      <i class="fas fa-fw fa-chart-area"></i>
      <span>卡片</span></a>
  </li>

  <!-- Nav Item - Charts -->
  <li class="nav-item">
    <a class="nav-link" href="charts.html">
      <i class="fas fa-fw fa-chart-area"></i>
      <span>图表</span></a>
  </li>

  <!-- Nav Item - Tables -->
  <li class="nav-item">
    <a class="nav-link" href="tables.html">
      <i class="fas fa-fw fa-table"></i>
      <span>表格</span></a>
  </li>
</ul>
```

cards.html 页面 Topbar 模块，主要为用户信息。

```
<nav class="navbar navbar-expand navbar-light bg-white topbar mb-4 static-top
  shadow">
  <!-- Sidebar Toggle (Topbar) -->
  <button id="sidebarToggleTop" class="btn btn-link d-md-none rounded-circle mr-3">
```

```html
    <i class="fa fa-bars"></i>
    </button>
    <!-- Topbar Search -->
    <form class="d-none d-sm-inline-block form-inline mr-auto ml-md-3 my-2 my-md-0
mw-100 navbar-search">
        <div class="input-group">
            <input    type="text"    class="form-control    bg-light    border-0    small"
placeholder="输入进行搜索..." aria-label="Search" aria-describedby="basic-addon2">
            <div class="input-group-append">
            <button class="btn btn-primary" type="button">
                <i class="fas fa-search fa-sm"></i>
            </button>
            </div>
        </div>
    </form>
    <!-- Topbar Navbar -->
    <ul class="navbar-nav ml-auto">
    <!-- Nav Item - User Information -->
    <li class="nav-item dropdown no-arrow">
        <a class="nav-link dropdown-toggle" href="#" id="userDropdown" role="button"
data-toggle="dropdown" aria-haspopup="true" aria-expanded="false">
        <span class="mr-2 d-none d-lg-inline text-gray-600 small">张三</span>
        <img class="img-profile rounded-circle" src="https://source.unsplash.com/
QAB-WJcbgJk/60x60">
        </a>
        <!-- Dropdown - User Information -->
        <div    class="dropdown-menu    dropdown-menu-right    shadow    animated--grow-in"
aria-labelledby="userDropdown">
        <a class="dropdown-item" href="#">
            <i class="fas fa-user fa-sm fa-fw mr-2 text-gray-400"></i>个人资料
        </a>
        <a class="dropdown-item" href="#">
            <i class="fas fa-cogs fa-sm fa-fw mr-2 text-gray-400"></i>设置
        </a>
        <a class="dropdown-item" href="#">
            <i class="fas fa-list fa-sm fa-fw mr-2 text-gray-400"></i>日志
        </a>
        <div class="dropdown-divider"></div>
        <a    class="dropdown-item"    href="#"    data-toggle="modal"    data-
target="#logout Modal">
            <i class="fas fa-sign-out-alt fa-sm fa-fw mr-2 text-gray-400"></i>登出
        </a>
        </div>
    </li>
    </ul>
</nav>
```

cards.html 页面 Cardinfo 模块，主要为页面卡片概览信息。

```html
<div class="row">
    <!-- Earnings (Monthly) Card Example -->
    <div class="col-xl-3 col-md-6 mb-4">
        <div class="card border-left-primary shadow h-100 py-2">
            <div class="card-body">
```

```html
            <div class="row no-gutters align-items-center">
              <div class="col mr-2">
                <div class="text-xs font-weight-bold text-primary text-uppercase mb-
1">总收入 (最近一月)</div>
                <div class="h5 mb-0 font-weight-bold text-gray-800">￥40,000</div>
              </div>
              <div class="col-auto">
                <i class="fas fa-calendar fa-2x text-gray-300"></i>
              </div>
            </div>
          </div>
        </div>
      </div>
      <!-- Earnings (Monthly) Card Example -->
      <div class="col-xl-3 col-md-6 mb-4">
        <div class="card border-left-success shadow h-100 py-2">
          <div class="card-body">
            <div class="row no-gutters align-items-center">
              <div class="col mr-2">
                <div class="text-xs font-weight-bold text-success text-uppercase mb-
1">总收入 (年度)</div>
                <div class="h5 mb-0 font-weight-bold text-gray-800">￥215,000</div>
              </div>
              <div class="col-auto">
                <i class="fas fa-dollar-sign fa-2x text-gray-300"></i>
              </div>
            </div>
          </div>
        </div>
      </div>
      <!-- Earnings (Monthly) Card Example -->
      <div class="col-xl-3 col-md-6 mb-4">
        <div class="card border-left-info shadow h-100 py-2">
          <div class="card-body">
            <div class="row no-gutters align-items-center">
              <div class="col mr-2">
                <div class="text-xs font-weight-bold text-info text-uppercase mb-1">任
务完成度</div>
                <div class="row no-gutters align-items-center">
                  <div class="col-auto">
                    <div class="h5 mb-0 mr-3 font-weight-bold text-gray-800">50%</div>
                  </div>
                  <div class="col">
                    <div class="progress progress-sm mr-2">
                      <div class="progress-bar bg-info" role="progressbar"
style="width: 50%" aria-valuenow="50" aria-valuemin="0" aria-valuemax="100"></div>
                    </div>
                  </div>
                </div>
              </div>
              <div class="col-auto">
                <i class="fas fa-clipboard-list fa-2x text-gray-300"></i>
              </div>
```

```
            </div>
          </div>
        </div>
      </div>
      <!-- Pending Requests Card Example -->
      <div class="col-xl-3 col-md-6 mb-4">
        <div class="card border-left-warning shadow h-100 py-2">
          <div class="card-body">
            <div class="row no-gutters align-items-center">
              <div class="col mr-2">
                <div class="text-xs font-weight-bold text-warning text-uppercase mb-
1">等待处理请求</div>
                <div class="h5 mb-0 font-weight-bold text-gray-800">18</div>
              </div>
              <div class="col-auto">
                <i class="fas fa-comments fa-2x text-gray-300"></i>
              </div>
            </div>
          </div>
        </div>
      </div>
    </div>
```

cards.html 页面 Detail 模块，主要为页面详情信息。

```
<div class="row">
  <div class="col-lg-6">
    <!-- Default Card Example -->
    <div class="card mb-4">
      <div class="card-header">默认卡示例</div>
      <div class="card-body">该卡使用 Bootstrap 的默认样式，未添加实用程序类。 全局样式
是唯一可以修改此默认卡示例外观和展示效果的地方。</div>
    </div>
    <!-- Basic Card Example -->
    <div class="card shadow mb-4">
      <div class="card-header py-3">
        <h6 class="m-0 font-weight-bold text-primary">基本卡示例</h6>
      </div>
      <div class="card-body">此基本卡示例的样式是通过使用默认的 Bootstrap 实用程序类创
建的。 通过使用实用程序类，可以轻松修改 card 组件的样式，而无需任何自定义 CSS。</div>
    </div>
  </div>
  <div class="col-lg-6">
    <!-- Dropdown Card Example -->
    <div class="card shadow mb-4">
      <!-- Card Header - Dropdown -->
      <div class="card-header py-3 d-flex flex-row align-items-center justify-
content-between">
        <h6 class="m-0 font-weight-bold text-primary">下拉卡示例</h6>
        <div class="dropdown no-arrow">
          <a class="dropdown-toggle" href="#" role="button" id="dropdownMenuLink"
data-toggle="dropdown" aria-haspopup="true" aria-expanded="false">
            <i class="fas fa-ellipsis-v fa-sm fa-fw text-gray-400"></i>
          </a>
```

```
                    <div class="dropdown-menu dropdown-menu-right shadow animated--fade-in"
aria-labelledby="dropdownMenuLink">
                        <div class="dropdown-header">下拉标题:</div>
                        <a class="dropdown-item" href="#">操作 1</a>
                        <a class="dropdown-item" href="#">操作 2</a>
                        <div class="dropdown-divider"></div>
                        <a class="dropdown-item" href="#">操作 3</a>
                    </div>
                </div>
            </div>
            <!-- Card Body -->
            <div class="card-body">可以在卡标题中放置下拉菜单,以扩展基本卡的功能。 在此下拉
卡示例中,可以单击卡标题中的 Font Awesome 垂直省略号图标,以切换下拉菜单。</div>
        </div>
        <!-- Collapsable Card Example -->
        <div class="card shadow mb-4">
            <!-- Card Header - Accordion -->
            <a href="#collapseCardExample" class="d-block card-header py-3" data-
toggle="collapse" role="button" aria-expanded="true" aria-controls="collapseCardExample">
                <h6 class="m-0 font-weight-bold text-primary">可折叠卡示例</h6>
            </a>
            <!-- Card Content - Collapse -->
            <div class="collapse show" id="collapseCardExample">
                <div class="card-body">这是一个使用 Bootstrap 内置折叠功能的可折叠卡示例。 单击
卡头,以查看卡体折叠并展开。</div>
            </div>
        </div>
    </div>
</div>
```

（6）table.html 页面

由于该页面比较大,我们先说明该页面的主要结构,然后具体展示每一个模块的内容,主要
包括 Sidebar 模块、Topbar 模块、Content 模块。

```
<!DOCTYPE html>
<html lang="en">
<head>
    <meta charset="utf-8">
    <meta http-equiv="X-UA-Compatible" content="IE=edge">
    <meta name="viewport" content="width=device-width, initial-scale=1, shrink-to-
fit=no">
    <meta name="description" content="">
    <meta name="author" content="">
    <title>管理系统 - 表格</title>
    <!-- Custom fonts for this template -->
    <link href="vendor/fontawesome-free/css/all.min.css" rel="stylesheet" type="text/css">
    <link
href="https://fonts.googleapis.com/css?family=Nunito:200,200i,300,300i,400,400i,600,6
00i,700,700i,800,800i,800,800i" rel="stylesheet">
    <!-- Custom styles for this template -->
    <link href="css/sb-admin-2.min.css" rel="stylesheet">
    <!-- Custom styles for this page -->
    <link href="vendor/datatables/dataTables.bootstrap4.min.css" rel="stylesheet">
</head>
```

```html
<body id="page-top">
  <!-- Page Wrapper -->
  <div id="wrapper">
    <!-- Sidebar -->
      {{Sidebar}}
    <!-- End of Sidebar -->
    <!-- Content Wrapper -->
    <div id="content-wrapper" class="d-flex flex-column">
      <!-- Main Content -->
      <div id="content">
        <!-- Topbar -->
          {{Topbar}}
        <!-- End of Topbar -->
        <!-- Begin Page Content -->
          {{Content}}
        <!-- /.container-fluid -->
      </div>
      <!-- End of Main Content -->
    </div>
    <!-- End of Content Wrapper -->
  </div>
  <!-- End of Page Wrapper -->
  <!-- Bootstrap core JavaScript-->
  <script src="vendor/jquery/jquery.min.js"></script>
  <script src="vendor/bootstrap/js/bootstrap.bundle.min.js"></script>
  <!-- Core plugin JavaScript-->
  <script src="vendor/jquery-easing/jquery.easing.min.js"></script>
  <!-- Custom scripts for all pages-->
  <script src="js/sb-admin-2.min.js"></script>
  <!-- Page level plugins -->
  <script src="vendor/datatables/jquery.dataTables.min.js"></script>
  <script src="vendor/datatables/dataTables.bootstrap4.min.js"></script>
  <!-- Page level custom scripts -->
  <script src="js/demo/datatables-demo.js"></script>
</body>
</html>
```

table.html 页面 Sidebar 模块，主要包含导航相关信息。

```html
<ul class="navbar-nav bg-gradient-primary sidebar sidebar-dark accordion"
id="accordionSidebar">
  <!-- Sidebar - Brand -->
  <a class="sidebar-brand d-flex align-items-center justify-content-center" href=
"index.html">
    <div class="sidebar-brand-text mx-3">管理后台</div>
  </a>
  <!-- Divider -->
  <hr class="sidebar-divider my-0">
  <!-- Nav Item - Dashboard -->
  <li class="nav-item">
    <a class="nav-link" href="index.html">
      <i class="fas fa-fw fa-tachometer-alt"></i>
      <span>首页</span></a>
  </li>
```

```
<!-- Divider -->
<hr class="sidebar-divider">
<!-- Nav Item - Charts -->
<li class="nav-item">
  <a class="nav-link" href="cards.html">
    <i class="fas fa-fw fa-chart-area"></i>
    <span>卡片</span></a>
</li>
<!-- Nav Item - Charts -->
<li class="nav-item">
  <a class="nav-link" href="charts.html">
    <i class="fas fa-fw fa-chart-area"></i>
    <span>图表</span></a>
</li>
<!-- Nav Item - Tables -->
<li class="nav-item active">
  <a class="nav-link" href="tables.html">
    <i class="fas fa-fw fa-table"></i>
    <span>表格</span></a>
</li>
</ul>
```

table.html 页面 Topbar 模块，主要包含用户相关信息。

```
<nav class="navbar navbar-expand navbar-light bg-white topbar mb-4 static-top
 shadow">
  <!-- Sidebar Toggle (Topbar) -->
  <button id="sidebarToggleTop" class="btn btn-link d-md-none rounded-circle mr-3">
    <i class="fa fa-bars"></i>
  </button>
  <!-- Topbar Search -->
  <form class="d-none d-sm-inline-block form-inline mr-auto ml-md-3 my-2 my-md-0
mw-100 navbar-search">
    <div class="input-group">
      <input type="text" class="form-control bg-light border-0 small" placeholder=
"输入进行搜索..." aria-label="Search" aria-describedby="basic-addon2">
      <div class="input-group-append">
        <button class="btn btn-primary" type="button">
          <i class="fas fa-search fa-sm"></i>
        </button>
      </div>
    </div>
  </form>
  <!-- Topbar Navbar -->
  <ul class="navbar-nav ml-auto">
    <!-- Nav Item - User Information -->
    <li class="nav-item dropdown no-arrow">
      <a class="nav-link dropdown-toggle" href="#" id="userDropdown" role="button"
data-toggle="dropdown" aria-haspopup="true" aria-expanded="false">
        <span class="mr-2 d-none d-lg-inline text-gray-600 small">张三</span>
        <img class="img-profile rounded-circle" src="https://source.unsplash.com/
QAB-WJcbgJk/60x60">
```

```
        </a>
        <!-- Dropdown - User Information -->
        <div class="dropdown-menu dropdown-menu-right shadow animated--grow-in"
aria-labelledby="userDropdown">
            <a class="dropdown-item" href="#">
              <i class="fas fa-user fa-sm fa-fw mr-2 text-gray-400"></i>个人资料
            </a>
            <a class="dropdown-item" href="#">
              <i class="fas fa-cogs fa-sm fa-fw mr-2 text-gray-400"></i>设置
            </a>
            <a class="dropdown-item" href="#">
              <i class="fas fa-list fa-sm fa-fw mr-2 text-gray-400"></i>日志
            </a>
            <div class="dropdown-divider"></div>
            <a class="dropdown-item" href="#" data-toggle="modal" data-target= "#logout-
Modal">
                <i class="fas fa-sign-out-alt fa-sm fa-fw mr-2 text-gray-400"></i>登出
            </a>
        </div>
      </li>
    </ul>
  </nav>
```

table.html 页面 Content 模块，主要为页面表格信息。

```
    <div class="container-fluid">
      <!-- Page Heading -->
      <h1 class="h3 mb-2 text-gray-800">表格</h1>
      <p class="mb-4">DataTables 是第三方插件，用于生成下面的演示表。有关 DataTables 的详
细信息，请访问<a target="_blank" href="https://datatables.net">官方 DataTables 文档
</a>.</p>
      <!-- DataTales Example -->
      <div class="card shadow mb-4">
        <div class="card-header py-3">
          <h6 class="m-0 font-weight-bold text-primary">DataTables 表格案例</h6>
        </div>
        <div class="card-body">
          <div class="table-responsive">
            <table class="table table-bordered" id="dataTable" width="100%" cellspacing=
"0"></table>
          </div>
        </div>
      </div>
    </div>
```

19.2.2　CSS

由于使用了基于 bootstrap 的 sbadmin 模板，因此没有额外再定义相关样式文件，完全使用模板。对于管理系统而言，这也就是为什么要使用模板的原因，很大程度上减少了工作量，可以快速专注于业务。

19.2.3　JavaScript

为了便于展示效果，在该系统使用的图表和表格数据，都是本地 demo 数据，在实际项目中，都是从服务端获取数据，一般都是使用 http 请求获取（比如 jQuery 的 Ajax 方法）。

所有图表都是使用 chartjs 来进行绘制的。

Chart-area-demo.js，主要为面积图表数据，在首页和图表页使用到该数据。

```javascript
function number_format(number, decimals, dec_point, thousands_sep) {
  //* example: number_format(1234.56, 2, ',', ' ');
  //*  return: '1 234,56'
  number = (number + '').replace(',', '').replace(' ', '');
  var n = !isFinite(+number) ? 0 : +number,
    prec = !isFinite(+decimals) ? 0 : Math.abs(decimals),
    sep = (typeof thousands_sep === 'undefined') ? ',' : thousands_sep,
    dec = (typeof dec_point === 'undefined') ? '.' : dec_point,
    s = '',
    toFixedFix = function(n, prec) {
      var k = Math.pow(10, prec);
      return '' + Math.round(n * k) / k;
    };
  // Fix for IE parseFloat(0.55).toFixed(0) = 0;
  s = (prec ? toFixedFix(n, prec) : '' + Math.round(n)).split('.');
  if (s[0].length > 3) {
    s[0] = s[0].replace(/\B(?=(?:\d{3})+(?!\d))/g, sep);
  }
  if ((s[1] || '').length < prec) {
    s[1] = s[1] || '';
    s[1] += new Array(prec - s[1].length + 1).join('0');
  }
  return s.join(dec);
}

// 面积图示例
var ctx = document.getElementById("myAreaChart");
var myLineChart = new Chart(ctx, {
  type: 'line',
  data: {
    labels: ["一月", "二月", "三月", "四月", "五月", "六月", "七月", "八月", "九月",
"十月", "十一月", "十二月"],
    datasets: [{
      label: "Earnings",
      lineTension: 0.3,
      backgroundColor: "rgba(78, 115, 223, 0.05)",
      borderColor: "rgba(78, 115, 223, 1)",
      pointRadius: 3,
      pointBackgroundColor: "rgba(78, 115, 223, 1)",
      pointBorderColor: "rgba(78, 115, 223, 1)",
      pointHoverRadius: 3,
      pointHoverBackgroundColor: "rgba(78, 115, 223, 1)",
      pointHoverBorderColor: "rgba(78, 115, 223, 1)",
      pointHitRadius: 10,
      pointBorderWidth: 2,
      data: [0, 10000, 5000, 15000, 10000, 20000, 15000, 25000, 20000, 30000,
```

```
25000, 40000],
    }],
  },
  options: {
    maintainAspectRatio: false,
    layout: {
      padding: {
        left: 10,
        right: 25,
        top: 25,
        bottom: 0
      }
    },
    scales: {
      xAxes: [{
        time: {
          unit: 'date'
        },
        gridLines: {
          display: false,
          drawBorder: false
        },
        ticks: {
          maxTicksLimit: 7
        }
      }],
      yAxes: [{
        ticks: {
          maxTicksLimit: 5,
          padding: 10,
          // 回调函数包含货币单位符号
          callback: function(value, index, values) {
            return '￥' + number_format(value);
          }
        },
        gridLines: {
          color: "rgb(234, 236, 244)",
          zeroLineColor: "rgb(234, 236, 244)",
          drawBorder: false,
          borderDash: [2],
          zeroLineBorderDash: [2]
        }
      }],
    },
    legend: {
      display: false
    },
    tooltips: {
      backgroundColor: "rgb(255,255,255)",
      bodyFontColor: "#858786",
      titleMarginBottom: 10,
      titleFontColor: '#6e707e',
      titleFontSize: 14,
```

```
                borderColor: '#dddfeb',
                borderWidth: 1,
                xPadding: 15,
                yPadding: 15,
                displayColors: false,
                intersect: false,
                mode: 'index',
                caretPadding: 10,
                callbacks: {
                    label: function(tooltipItem, chart) {
                        var datasetLabel = chart.datasets[tooltipItem.datasetIndex].label || '';
                        return datasetLabel + ': $' + number_format(tooltipItem.yLabel);
                    }
                }
            }
        }
    }
});<!DOCTYPE html>
<html lang="en">
<head>
```

Char-bar-demo.js，主要为 bar 图的配置和数据内容，在首页和图表页使用到该数据。

```
function number_format(number, decimals, dec_point, thousands_sep) {
    // *      example: number_format(1234.56, 2, ',', ' ');
    // *      return: '1 234,56'
    number = (number + '').replace(',', '').replace(' ', '');
    var n = !isFinite(+number) ? 0 : +number,
        prec = !isFinite(+decimals) ? 0 : Math.abs(decimals),
        sep = (typeof thousands_sep === 'undefined') ? ',' : thousands_sep,
        dec = (typeof dec_point === 'undefined') ? '.' : dec_point,
        s = '',
        toFixedFix = function(n, prec) {
            var k = Math.pow(10, prec);
            return '' + Math.round(n * k) / k;
        };
    // Fix for IE parseFloat(0.55).toFixed(0) = 0;
    s = (prec ? toFixedFix(n, prec) : '' + Math.round(n)).split('.');
    if (s[0].length > 3) {
        s[0] = s[0].replace(/\B(?=(?:\d{3})+(?!\d))/g, sep);
    }
    if ((s[1] || '').length < prec) {
        s[1] = s[1] || '';
        s[1] += new Array(prec - s[1].length + 1).join('0');
    }
    return s.join(dec);
}

// 条形图示例
var ctx = document.getElementById("myBarChart");
var myBarChart = new Chart(ctx, {
    type: 'bar',
    data: {
        labels: ["一月", "二月", "三月", "四月", "五月", "六月"],
        datasets: [{
```

```
        label: "收入",
        backgroundColor: "#4e73df",
        hoverBackgroundColor: "#2e58d8",
        borderColor: "#4e73df",
        data: [4215, 5312, 6251, 7841, 8821, 14884],
    }],
},
options: {
    maintainAspectRatio: false,
    layout: {
        padding: {
            left: 10,
            right: 25,
            top: 25,
            bottom: 0
        }
    },
    scales: {
        xAxes: [{
            time: {
                unit: 'month'
            },
            gridLines: {
                display: false,
                drawBorder: false
            },
            ticks: {
                maxTicksLimit: 6
            },
            maxBarThickness: 25,
        }],
        yAxes: [{
            ticks: {
                min: 0,
                max: 15000,
                maxTicksLimit: 5,
                padding: 10,
                // 回调函数返回值包含货币符号
                callback: function(value, index, values) {
                    return '￥' + number_format(value);
                }
            },
            gridLines: {
                color: "rgb(234, 236, 244)",
                zeroLineColor: "rgb(234, 236, 244)",
                drawBorder: false,
                borderDash: [2],
                zeroLineBorderDash: [2]
            }
        }],
    },
    legend: {
        display: false
```

```
      },
      tooltips: {
        titleMarginBottom: 10,
        titleFontColor: '#6e707e',
        titleFontSize: 14,
        backgroundColor: "rgb(255,255,255)",
        bodyFontColor: "#858786",
        borderColor: '#dddfeb',
        borderWidth: 1,
        xPadding: 15,
        yPadding: 15,
        displayColors: false,
        caretPadding: 10,
        callbacks: {
          label: function(tooltipItem, chart) {
            var datasetLabel = chart.datasets[tooltipItem.datasetIndex].label || '';
            return datasetLabel + ': ¥' + number_format(tooltipItem.yLabel);
          }
        }
      },
    }
});
```

Demo-pie-demo.js 主要为 pie 图的配置和数据内容，在首页和图表页使用到该数据。

```
// 饼图示例
var ctx = document.getElementById("myPieChart");
var myPieChart = new Chart(ctx, {
  type: 'doughnut',
  data: {
    labels: ["Direct", "Referral", "Social"],
    datasets: [{
      data: [55, 30, 15],
      backgroundColor: ['#4e73df', '#1cc88a', '#36b8cc'],
      hoverBackgroundColor: ['#2e58d8', '#17a673', '#2c8faf'],
      hoverBorderColor: "rgba(234, 236, 244, 1)",
    }],
  },
  options: {
    maintainAspectRatio: false,
    tooltips: {
      backgroundColor: "rgb(255,255,255)",
      bodyFontColor: "#858786",
      borderColor: '#dddfeb',
      borderWidth: 1,
      xPadding: 15,
      yPadding: 15,
      displayColors: false,
      caretPadding: 10,
    },
    legend: {
      display: false
```

```
    },
    cutoutPercentage: 80,
  },
});
```

Tables-demo.js 主要为表格配置和数据，在表格页面使用了该数据。该表格我们使用 datatables 库文件来实现渲染。

```
// 调用名为 dataTables 的 jQuery 插件
let dataSet = [];
let names = ["蔡定军", "蔡开宇", "蔡玲玉", "蔡柳", "蔡茂超", "蔡青春", "蔡山林",
"蔡维", "蔡文祥", "蔡欣孺", "蔡杨", "蔡瑶", "蔡勇", "蔡宇", "曹冬梅", "曹非洋", "曹佳", "
曹佳", "曹剑", "曹娇", "曹立黎", "曹敏", "曹倩", "曹强", "曹雪", "曹雪", "曹阳", "曹艺雯",
"曹珍凤", "曹子胭", "曹紫微", "柴发菊", "车小强", "车奕满", "陈安洋", "陈柏旭", "陈贝贝",
"陈碧玉", "陈斌", "陈冰", "陈兵", "陈波", "陈昌达", "陈昌达", "陈超", "陈晨", "陈诚", "陈
诚", "陈春", "陈春梅", "陈春艳", "陈聪", "陈大蓉", "陈代言", "陈丹"];
let positions = ['CEO', '软件开发', '运维', '运营', '测试', '开发', '高级开发'];
let locations = ['北京', '上海', '广州', '深圳'];
for (let idx = 0; idx < 57; idx++) {
  dataSet.push([
    names[idx % names.length],
    positions[idx % positions.length],
    locations[idx % locations.length],
    parseInt(20 + Math.random() * 20),
    '2020/01/' + parseInt(10 + Math.random() * 18),
    '￥' + parseInt(10000 + Math.random() * 20000)
  ]);
}

$(document).ready(function() {
  $('#dataTable').dataTable( {
    "data": dataSet,
    "columns": [
      { "title": "姓名" },
      { "title": "职位" },
      { "title": "办公室" },
      { "title": "年龄", "class": "center" },
      { "title": "入职时间", "class": "center" },
      { "title": "薪水", "class": "right" }
    ]
  });
});
```

思考题

按照教程选用通用的前端模板完成一个 Web 管理系统前端部分的开发工作。

附录

在项目开发过程中，良好的开发规范能够增加代码的可阅读性，减少由于不规范引起的各种 bug，而且能让不同开发者协同开发同一项目。下面主要介绍 HTML、CSS、JavaScript 三部分的代码规范。

附录 A   HTML 代码规范

1.   页面开头 Doctype

建议：

在 HTML 页面开头使用 Doctype 来启用标准模式，使其每个浏览器中尽可能一致地展现。

示例：

```
<!DOCTYPE html>
<html>
  <head>
  </head>
</html>
```

2.   语法

建议 1：

使用 2 个空格（不要使用 tab）。

解释：

这是保证代码在各种环境下显示一致的唯一方式。

建议 2：

嵌套的节点应该缩进（2 个空格）。

建议 3：

在属性上，使用双引号，不要使用单引号。

建议 4：

不要在自动闭合标签结尾处使用斜线。

解释：

HTML5 规范指出它们是可选的。

建议 5：

不要忽略可选的关闭标签（如</div> 和 </body>）

3. 属性顺序

建议：

HTML 属性应按照特定的顺序出现，以保证易读性。顺序如下：

```
Id
class
name
data-*
src, for, type, href, value, max-length, max, min, pattern
placeholder, title, alt
aria-*, role
required, readonly, disabled
```

4. 减少标签数量

建议：

在编写 HTML 代码时，尽量避免多余的父节点。

解释：

减少代码复杂度，同时，代码有调整时也便于修改。

附录 B CSS 代码规范

1. 缩进

建议：

使用 2 个或者 4 个空格，不要使用 tab。

解释：

这是保证代码在各种环境下展示效果是唯一的，不会出现错位等情况。

2. 空格与换行

建议 1：

使用组合选择器时，每个独立的选择器占用一行。

建议 2：

为了代码的易读性，在每个声明的左括号前增加一个空格。

建议 3：

声明的右括号应该另起一行。

建议 4：

每条声明后应插入一个空格。

建议 5：

每条声明应只占用一行来保证错误报告更加准确。

建议 6：

逗号分隔的取值，都应该在逗号之后增加一个空格。

示例：

```
// good
div {
  margin: 0;
  padding: 2px;
}
// bad
div{margin:0;
    padding:2px
}
```

3. 符号

建议 1：

所有声明应以分号结尾。

解释：

虽然最后一条声明后的分号是可选的，但是如果没有它，代码会更容易出错。

不要在颜色值 rgb() rgba() hsl() hsla()和 rect() 中增加空格，并且不要带有取值前面不必要的 0（比如，使用 .5 替代 0.5）。

建议 2：

为选择器中的属性取值添加引号，使用引号可以增加一致性。

示例：

```
// good
input[type="text"] {

}
// bad
input[type=text] {
}
```

建议 3：

不要为 0 指明单位，比如使用 margin: 0; 而不是 margin: 0px;。

示例：

```
// good
div {
  margin: 0;
};
```

```
// bad
div {
  margin: 0px;
};
```

4. 声明顺序

建议：

相关的属性声明应该以下面的顺序分组处理：Positioning、Box-model 盒模型、Typographic 排版、Visual 外观。

示例：

```css
.declaration-order {
  /* Positioning */
  position: absolute;
  top: 0;
  right: 0;
  bottom: 0;
  left: 0;
  z-index: 100;

  /* Box-model */
  display: inline-block;
  float: left;
  width: 200px;
  height: 200vh;

  /* Typography */
  font-size: 20px;
  line-height: 2;
  color: #cdcdcd;
  text-align: center;

  /* Visual */
  background-color: #ccc;
  border: 1px solid #ddd;
  border-radius: 4px;
}
```

附录 C JavaScript 代码规范

1. 文件及结构

建议：

JavaScript 文件使用无 BOM 的 UTF-8 编码。在文件结尾处，保留一个空行。

解释：

UTF-8 编码具有更广泛的适应性。BOM 在使用程序或工具处理文件时可能造成不必要的干扰。

2. 缩进

建议：

一般建议使用 4 个空格或者 2 个空格作为缩进，不建议使用 tab 字符作为缩进。Switch 下的 case 和 default 必须增加一个缩进层级。

示例：

```
// good
switch (variable) {
    case '1':
        // do...
        break;
    case '2':
        // do...
        break;
    default:
        // do...
}

// bad
switch (variable) {
case '1':
    // do...
    break;
case '2':
    // do...
    break;
default:
    // do...
}
```

3. 空格

建议 1：

二元运算符两侧必须有一个空格，一元运算符与操作对象之间不允许有空格。

示例：

```
var a = !arr.length;
a++;
a = b + c;
```

建议 2：

用作代码块起始的左花括号 { 前必须有一个空格。

示例：

```
// good
if (condition) {
}
while (condition) {
```

```
}
function funcName() {
}
// bad
if (condition){
}
while (condition){
}
function funcName(){
}
```

建议 3：

if / else / for / while / function / switch / do / try / catch / finally 关键字后，必须有一个空格。

示例：

```
// good
if (condition) {
}
while (condition) {
}
(function () {
})();
// bad
if(condition) {
}
while(condition) {
}
(function() {
})();
```

建议 4：

在对象创建时，属性中的 ：之后必须有空格，：之前不允许有空格。

示例：

```
// good
var obj = {
    a: 1,
    b: 2,
    c: 3
};
// bad
var obj = {
    a : 1,
    b:2,
    c :3
};
```

建议 5：

在函数声明、具名函数表达式、函数调用中，函数名和（之间不允许有空格。

示例：

```
// good
function funcName() {
}
var funcName = function funcName() {
};
funcName();
// bad
function funcName () {
}
var funcName = function funcName () {
};
funcName ();
```

建议 6：

, 和 ; 前不允许有空格。

示例：

```
// good
callFunc(a, b);
// bad
callFunc(a , b) ;
```

建议 7：

在函数调用、函数声明、括号表达式、属性访问、if / for / while / switch / catch 等语句中，() 和 [] 内紧贴括号部分不允许有空格。

示例：

```
// good
callFunc(param1, param2, param3);
save(this.list[this.indexes[i]]);
needIncream && (variable += increament);
if (num > list.length) {
}
while (len--) {
}


// bad
callFunc( param1, param2, param3 );
save( this.list[ this.indexes[ i ] ] );
needIncrement && ( variable += increament );
if ( num > list.length ) {
}
while ( len-- ) {
}
```

建议 8：

单行声明的数组与对象，如果包含元素，{} 和 [] 内紧贴括号部分不允许包含空格。

解释:

声明包含元素的数组与对象,只有当内部元素的形式较为简单时,才允许写在一行。元素复杂的情况,还是应该换行书写。

示例:

```
// good
var arr1 = [];
var arr2 = [1, 2, 3];
var obj1 = {};
var obj2 = {name: 'obj'};
var obj3 = {
    name: 'obj',
    age: 20,
    sex: 1
};

// bad
var arr1 = [ ];
var arr2 = [ 1, 2, 3 ];
var obj1 = { };
var obj2 = { name: 'obj' };
var obj3 = {name: 'obj', age: 20, sex: 1};
```

建议 9:

行尾不得有多余的空格、换行。

建议 10:

每个独立语句结束后必须换行。

建议 11:

每行不得超过 120 个字符。

解释:

超长的不可分割的代码允许例外,比如复杂的正则表达式。长字符串不在例外之列。

建议 12:

运算符处换行时,运算符必须在新行的行首。

示例:

```
// good
if (user.isAuthenticated()
    && user.isInRole('admin')
    && user.hasAuthority('add-admin')
    || user.hasAuthority('delete-admin')
) {
    // Code
}

var result = number1 + number2 + number3
    + number4 + number5;
```

```
// bad
if (user.isAuthenticated() &&
    user.isInRole('admin') &&
    user.hasAuthority('add-admin') ||
    user.hasAuthority('delete-admin')) {
    // Code
}

var result = number1 + number2 + number3 +
    number4 + number5;
```

建议 13:

在函数声明、函数表达式、函数调用、对象创建、数组创建、for 语句等场景中，不允许在 ，或 ; 前换行。

示例:

```
// good
var obj = {
    a: 1,
    b: 2,
    c: 3
};

foo(
    aVeryVeryLongArgument,
    anotherVeryLongArgument,
    callback
);

// bad
var obj = {
    a: 1
    , b: 2
    , c: 3
};

foo(
    aVeryVeryLongArgument
    , anotherVeryLongArgument
    , callback
);
```

建议 14:

不同行为或逻辑的语句集，使用空行隔开，更易阅读。

示例:

```
// 仅为按逻辑换行的示例，不代表 setStyle 的最优实现
function setStyle(element, property, value) {
    if (element == null) {
        return;
    }
    element.style[property] = value;
}
```

4. 命名

建议 1:

变量使用 Camel 命名法。

示例:

```
var loadingModules = {};
```

建议 2:

常量使用全部字母大写，单词间下画线分隔的命名方式。

示例:

```
var HTML_ENTITY = {};
```

建议 3:

函数使用 Camel 命名法。

示例:

```
function stringFormat(source) {
}
```

建议 4:

函数的参数使用 Camel 命名法。

示例:

```
function hear(theBells) {
}
```

建议 5:

类使用 Pascal 命名法。

示例:

```
function TextNode(options) {
}
```

建议 6:

类的方法和属性使用 Camel 命名法。

示例:

```
function TextNode(value, engine) {
    this.value = value;
    this.engine = engine;
}
TextNode.prototype.clone = function () {
    return this;
};
```

建议 7:

枚举变量使用 Pascal 命名法，枚举的属性使用全部字母大写，单词间下画线分隔的命名方式。

示例：

```
var TargetState = {
    READING: 1,
    READED: 2,
    APPLIED: 3,
    READY: 4
};
```

建议 8：

命名空间使用 Camel 命名法。

示例：

```
equipments.heavyWeapons = {};
```

建议 9：

由多个单词组成的缩写词，在命名中，根据当前命名法和出现的位置，所有字母的大小写与首字母的大小写保持一致。

示例：

```
function XMLParser() {
}
function insertHTML(element, html) {
}
var httpRequest = new HTTPRequest();
```

建议 10：

类名使用名词。

示例：

```
function Engine(options) {
}
```

建议 11：

函数名使用动宾短语。

示例：

```
function getStyle(element) {
}
```

建议 12：

boolean 类型的变量使用 is 或 has 开头。

示例：

```
var isReady = false;
var hasMoreCommands = false;
```

建议 13：

Promise 对象使用动宾短语的进行时表达。

示例：

```
var loadingData = ajax.get('url');
loadingData.then(callback);
```

5. 注释

（1）单行注释

建议：

必须独占一行。// 后跟一个空格，缩进与下一行被注释说明的代码一致。

（2）多行注释

建议：

避免使用 /*...*/ 这样的多行注释。有多行注释内容时，使用多个单行注释。

（3）文档化注释

建议：

为了便于代码阅读和自文档化，以下内容必须包含在以 /**...*/ 形式的块注释中。

建议：

文档注释前必须空一行。

建议：

自文档化的文档说明是什么（what），而不是怎么做（how）。

参 考 文 献

[1]   DUCKETT J. HTML、XHTML、CSS 与 JavaScript 入门经典[M]. 王德才，吴明飞，姜少孟，译. 北京：清华大学出版社，2011.

[2]   王爱华，王轶凤，吕凤顺. HTML+CSS+JavaScript 网页制作简明教程[M]. 北京：清华大学出版社，2014.

[3]   刘西杰，柳林. HTML、CSS、JavaScript 网页制作从入门到精通[M]. 北京：人民邮电出版社，2012.

[4]   巅峰卓越. 移动 Web 开发从入门到精通[M]. 北京：人民邮电出版社，2017.

[5]   文杰书院. Dreamweaver CS6 网页设计与制作基础教程[M]. 北京：清华大学出版社，2016.

[6]   LOPES C T, FRANZ M, KAZI F, et al. Cytoscape Web: an interactive web-based network browser[J]. Bioinformatics, 2010, 26(18):2347-2348.

[7]   MATTHEWS C R, TRUONG S. System and method for community interfaces: US, US 20030050886 A1[P]. 2003.

[8]   PACIFICI G, YOUSSEF A. Markup system for shared HTML documents: US, US6230171[P]. 2001.

[9]   刘爱江，靳智良. HTML5+CSS3+JavaScript 网页设计入门与应用[M]. 北京：清华大学出版社，2018.

[10] 安兴亚，关玉欣，云静，等. HTML+CSS+JavaScript 前端开发技术教程[M]. 北京：清华大学出版社，2020.